ONEY HAS NO SMELL

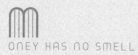

MONEY HAS NO SMELL

M
ONEY HAS NO SMELL

M
ONEY HAS NO SMELL

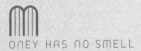

DISNEY 迪士尼的價值行銷法則

ディズニーのすごい集客

MARKETING

活用7個步驟，打造絕對吸引顧客把錢花光光的獲利策略

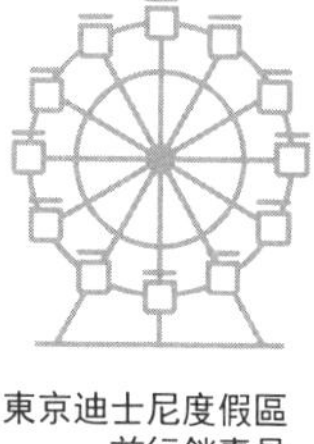

東京迪士尼度假區
前行銷專員
nobukatsu shimada
嶋田亘克

金鐘範——譯

前言
價值行銷法則的三大關鍵

二〇一五年十一月，各大報社爭相報導，日本環球影城（ＵＳＪ）十月入園人數刷新歷史記錄創新高，並且首度超越東京迪士尼樂園入園人數，一系列的相關報導造成轟動。此外，十八年前於九州開業以來連年虧損的豪斯登堡也傳出來好消息，不只來客數增加，也終於轉虧為盈。近年來，主題樂園產業日漸蓬勃發展，對於同樣出身於這個產業的我來說，當然是與有榮焉。

不過，實際上在報導中，日本環球影城的入園人數只有和東京迪士尼樂園做比較。一旦加上東京迪士尼海洋的入園人數，以東京迪士尼度假區（ＴＤＲ）整體去比較，日本環球影城的入園人數還是差了一大截（見圖１）。即使比較年度記錄，日本環球影城和豪斯登堡的入園人數相加，也遠遠不及東京迪士尼度假區。雖然東京迪士尼度假區位

圖 1　日本三座遊樂園年度入園人數比較圖

2013年起，東京迪士尼度假區（含東京迪士尼海洋）的入園人數已經超過3,000萬人，如此壓倒性的人數足以讓他們引以為傲。此圖參考數據取自各公司提供的公開資料與報章雜誌等。

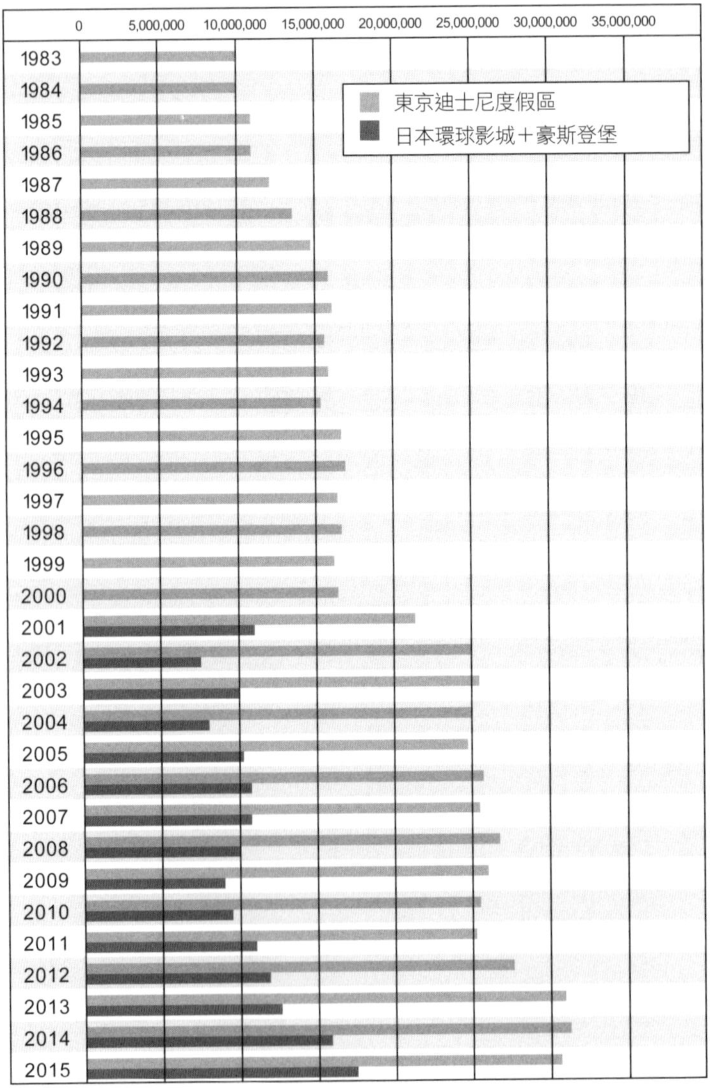

於首都商圈，人口數比較多，但能夠創下如此亮眼的成績也是令人瞠目結舌。

二〇一七年是東京迪士尼樂園開業三十四週年，東京迪士尼海洋也迎來第十六個年頭，未來的業績將持續成長，預測有機會連續六年打破往年最高獲利記錄。迪士尼的主題樂園能夠歷久不衰、持續茁壯成長的祕訣，到底是什麼呢？

「顧客滿意度」不是唯一的祕密武器

許多人應該都認為，迪士尼主題樂園的成功祕訣在於顧客滿意度（Customer Satisfaction）。書店裡陳列的迪士尼相關書籍，主題多半都是探討「服務」「款待」等。而且，實際上，當我詢問周遭的經營者或商務人士，他們最想從迪士尼的經驗學到什麼，得到的答案幾乎都是「創造高水準顧客滿意度的祕訣」。

如果我們採取這些書裡提到的方法，嘗試提升顧客滿意度，是否真的能夠跟迪士尼主題樂園一樣，增加許多常客，提升業績呢？我的答案無庸置疑是「ＮＯ！」。當然，提升顧客滿意度確實能增加業績。但是，想要提升品質，我們能投入的金錢和時間卻相對有限。畢竟，如果想提高員工的素質，勢必得進行員工教育、改變他們的心態與想法，而且根據員工資質不同，結果也會產生落差。然而，要是盲目行事，很可能等不到結果公司就已經亂成一團，這樣的案例也不少。

那麼，是不是只要提高商品的競爭力、增加商品數量就能成功呢？答案可想而知也是「NO！」。

知名企業為什麼會失敗？

哈根達斯（Häagen-Dazs）、老海軍（Old Navy）、博姿（Boots）、家樂福（Carrefour）、特易購（Tesco）、春天百貨（Printemps）等外資企業大家都不陌生，其實，他們都有一個共通點：曾在日本轟動一時，卻又全數撤出日本市場。這些企業登陸日本時明明引起風潮，成為媒體寵兒，後來又為什麼決定撤出日本？

雖然「Krispy Kreme Doughnuts」並沒有撤出日本，但開幕時市中心店面必須排隊兩、三個小時，郊區的店面甚至得排隊八小時，如此驚人的人氣引發話題登上新聞版面。但是，後來卻面臨為了改變服務與商品方針，同時間大規模結束多家分店的局面。

最近類似的狀況不僅發生在外資企業圈，連廣受好評的日本公司，或是極富傳統的老店也紛紛陷入破產與停業危機。我想大家應該都曾想過：「我覺得那家店的東西很好吃啊……」「那家公司的服務明明很好啊……」。那麼，顧客滿意度很高，卻仍以失敗收場的店家和公司，和成功闖出名號的公司之間究竟存在什麼樣的差異呢？我們該在哪些地方下足功夫，才能像迪士尼主題樂園一樣，在品質上獲得高度評價，即使歷經三十多年，來客數和業績都能持續成長呢？

首先，請先看圖2，這張圖呈現的是迪士尼主題樂園歷年的入園人數統計。

許多人認為即使什麼都不做，自然也有會有訪客來迪士尼遊玩。事實上，我任職行銷專員期間，也聽了許多外部人員說過同樣的話不下數千次，次數多到連我都記不清。但是，我想看過圖表後大家也能發現，即使整體入園人數直線上升，若以單一年度來看，實際上人數卻是上下起伏。

迪士尼樂園幾乎從來沒有出現過「為了客源陷入苦戰」的相關報導，就算訪客造訪園區當天很空曠，大家也只會覺得「超幸運，今天人很少」吧。然而，如果單看每一年

圖 2　迪士尼主題樂園歷年入園人數統計表

雖然以整體來看人數呈直線上升，但實際上入園人數有增有減，不難看出為來客數煩惱的跡象。

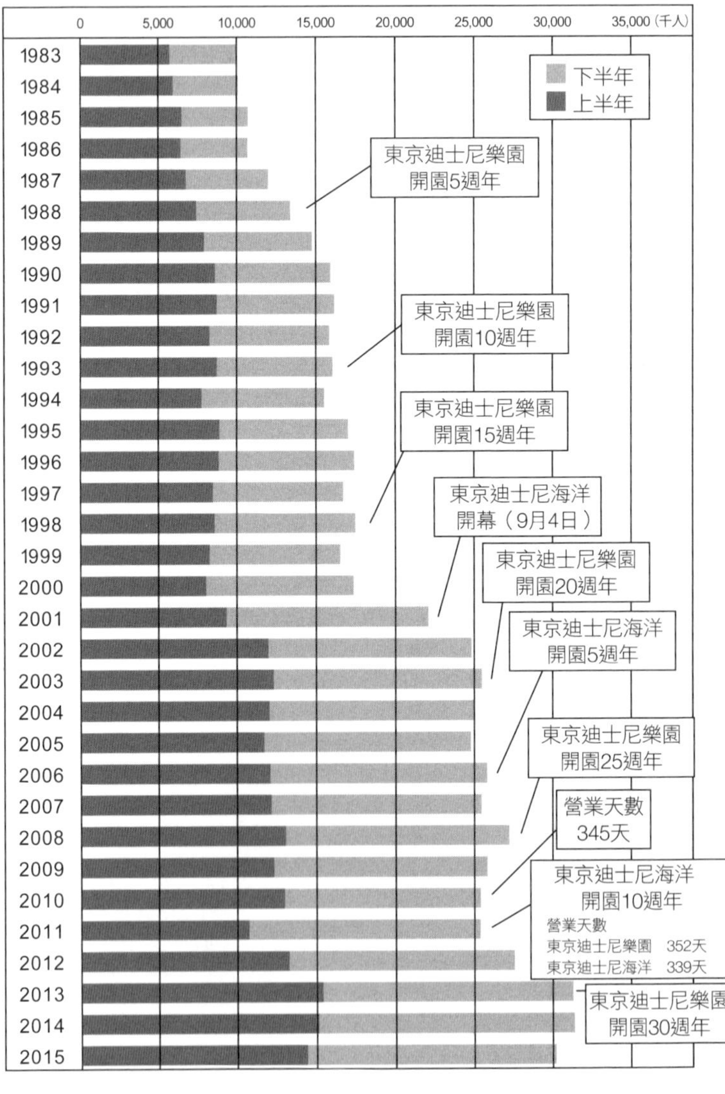

的入園人數，應該也不難發現迪士尼其實有好幾年都陷入了苦戰。

此外，大家常有一個迷思，認為迪士尼樂園為了招攬顧客，引進全新的活動、表演以及遊樂設施，以利創造超高的話題性。但是，迪士尼也曾有好幾年並未大規模投資。事實上，除了定期的大規模投資，還得鎖定目標客群的所在區域與屬性，逐漸累積細膩的經營策略，兩者兼具才是成功關鍵。也就是說，透過計畫性的成長策略和短期的擴大策略互相搭配，雙管齊下才能吸引顧客上門。

我的意思是，即使是迪士尼樂園也和其他企業一樣，每天都為了如何增加顧客絞盡腦汁，並持續重複執行PDCA循環。尤其是我擔任行銷專員的時期，我身負重責大任，必須利用東京迪士尼海洋的開幕，把原有的一千五百萬年度入園人數提升至二千五百萬人，每一天都是挑戰。

超越行銷術的價值行銷法則

我相信，有些人肯定認為園區增加了，入園人數理所當然也會變成兩倍。但是，如果讓同一群客源選擇去哪個園區遊玩，實際的入園人數並不會增加。公司內甚至也曾經爭論不休，有人擔心客源可能全數集中到全新完工的東京迪士尼海洋，導致東京迪士尼門可羅雀。因此，我們針對下列幾項策略反覆檢討：

①我們該怎麼做，才能讓居住在首都圈的顧客，從原本每年只光顧一次增加到兩次以上？

②我們該如何留住外地的顧客，讓他們在園區多玩幾天？

③不論是哪裡的顧客，有沒有方法能夠讓不曾光顧的人願意來玩？

總之，我們為了實現前所未見的創舉：在同一區域經營兩座規模龐大的主題樂園，構思了數量多到無法想像的企劃案，都是為了拓展客源。當時投入執行的所有策略並非每一項都成功。但我發現無論成敗，都是有原因的，只要將這些原因融會貫通，就能創造出目前普遍的行銷概念無法觸及的、創造客源的法則。

而且，我希望能善用自己領悟到的這一套法則，幫助規模和產業別與迪士尼完全不同的企業，為他們盡一份力，因此才下定決心離開迪士尼。此外，由於繼續待在迪士尼我將無法跳脫「因為迪士尼規模宏大，才能成功創造客源」的思維模式。

這套法則最大的強項在於，能夠讓自己公司的價值成長至和迪士尼相同等級的規模。最初，我用三年的時間，將一家從零開始、和健康食品毫無關係的公司，打造成能透過經營健康食品網購事業，達成營業額十億日圓的大企業。接著，我接手了一位演藝人員的粉絲俱樂部事業，並且在不改變活動方式的情況下採取價值行銷法則後，讓大約兩年會員數沒有成長的狀況，在一年內增加一二〇％的會員，解約人數降低至前年的一半以下。此外，我曾負責整骨院的客源拓展，這家醫院原本一天平均只有大約二十位病患，甚至有過一整天都沒有病患上門就診，但是採取價值行銷法則後出現了驚人的成果，即使開設女性專用分院也掛不到門診。

這套法則不只可以擴大規模和提升業績，還有各種不同的實用案例，例如：機場新航路啟航活動原先以一百位參加者為目標，結果當天到場人數超過六百人；離島的完熟鳳梨宅配事業，以往只有到訪當地的觀光客購買，現在也有顧客會透過網路下單，甚至訂單多到飛機運不完。除此之外，一人經營的潛水店即便不做任何廣告行銷，只靠著口耳相傳就讓預約滿檔。最近一則案例是，行政機關負責營運的無住宿溫泉設施，因業績慘澹而開始採用價值行銷法則。這套方法無關行業或產業，皆能持續創造穩定的成果。

我將這二十年來採取這套法則創造出的所有營業額加總後，發現總金額達到將近約三千億日元以上，連我自己都驚訝不已。

為什麼迪士尼對「原則」這麼講究？

因為使用這套法則，讓我有機會認識很多人，並有這份榮幸協助他們拓展客源。至今，我以這套根據迪士尼創造客源的方法為基礎，為超過兩千家企業以行銷法則為題進行演講。

然而，近來在社群軟體和網路上，有不少無法拿出實績的主講者舉辦「超簡單賺錢術」、「不花一毛錢就能創造客源的廣告術」等主題演講的宣傳廣告，他們甚至還開放訂閱，吸引人報名毫無根據或可信度的「免費電子報」與「免費講座」。

他們嘴裡說不需要花任何一毛錢就能賺錢，講師本人卻花了錢打廣告宣傳。而且，明明只要稍微思考一下，就能知道最後一定會被誘導著花錢，還是有絡繹不絕的訂閱者和參加者上門。因此，我才會說這種手法邪門歪道。到頭來，還會出現「培育賺錢講師的講座」，讓人不得不懷疑主講者真正的想法。正因身處於這個時代，所以我更希望能告訴更多人忠實遵循買賣原則的「迪士尼價值行銷法則」。

因為不論是一人公司，或是上市公司等級的大型組織，只要是對自家的商品或是服務擁有熱情的人，一定都為了達到增加客源的必要條件而困惑不已。

退休至今已經經過十年，我再次意識到「迪士尼價值行銷法則」不受時代與流行左右的普遍性。接下來，我希望即使我不在現場，也能協助讀者活用本書內容增加客源，讓那些為了真正有價值的事業而努力的人擁抱成功，為了讓社會變得更完美而盡一份力，正是我決定出版這本書的最大契機。

□ 對自家商品和服務很有自信並且感到驕傲。

□ 希望能增加更多客源。

□ 想讓消費過一次的客人成為老主顧。

□知道哪些事情非做不可，卻不知道該從哪一項開始下手。
□看過許多增加客源的相關書籍，也參加過類似講座，卻始終沒有成果回報。
□想要推廣自家產品，但是沒有宣傳經費。
□看到迪士尼的相關主題書籍時，會認為「因為是迪士尼才會成功」。

符合以上任何一項的讀者，若你願意閱讀本書，便是我至高無上的榮幸。

本書重點

本書的構成方式如下，分為三大主題與第八章的結論。

- 理念與事業價值（第一、二章）
- 基本技巧（第三至六章）
- 打造熱心工作的人才（第七章）

● 結論（第八章）

創造客源的絕對法則不在於「技巧」，而是透過製作最根本的商業模式才能夠成立。本書無論從哪一章節開始讀起都沒問題，因為最重要的是，如何落實本書的內容、建立策略。很多人都尋求有爆發力、簡單、馬上可以套用的花俏手法或技術，但空有技術只會淪為暫時性的解藥，所以我反而更講究即使市場的流行趨勢改變，也不會受影響的基礎法則。

尤其是已經實踐了第一、二章的讀者，或許會認為沒有必要熟悉基礎法則。但是，這些法則正是最根本的根本，希望你們能夠改變思維、重新審視。

持續的客源是以合適的方法、適當的價格，與提供顧客所需的商品與服務才能成立。或許過程需要花費不少時間，但這套方法確實蘊含絕對能夠大幅改善營運模式的力量。因此，不需要對改變感到恐懼，跟著本書的做法重新審視自己的事業、商品和服務，嘗試做出行動、實際執行。放眼望去，世界上的成功人士和成功企業都有一個共同的祕訣：那就是不畏懼變化，持續挑戰。

圖 3　價值行銷法則三大關鍵

只有「理念與事業價值」、「基本技巧」和「培育熱心工作的人才」三項條件共存，「價值行銷法則」才得以成立。

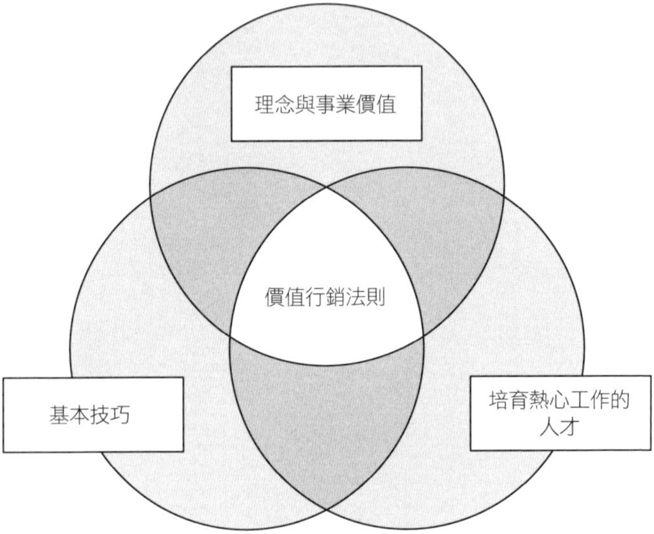

數年前迪士尼電影《冰雪奇緣》在全世界掀起一股狂熱風潮。這部動畫電影為什麼會成功，有各式各樣不同的說法，但是當時我腦海中想起的是，在公私方面都很照顧我的WDAJ負責人所說的話。WDAJ指的是Walt Disney Attractions Japan，日本迪士尼主題樂園事業在海外的協助夥伴單位。

「Mr. 嶋田，你覺得為什麼迪士尼電影會造成轟動呢？」

他對為了答案煩惱不已的我說：「那是因為迪士尼每年都持續推出新的電影作品；一旦放棄的那個瞬間，同時成功也停止成長了。」

當時，他會說出這番話，或許部分是因為我的計畫沒有達到預期成果，才想藉此鼓勵我，但是自此之後，「持續執行、持續行動」成為了我的工作原則。或許即使將本書所寫的內容全部落實執行，也有不少讀者無法馬上獲得成果。但是，重要的是自己做出行動，並且持續執行。只要有所行動，必然會看清某些事物。這個過程中的經驗也正是通往成功的捷徑。

目錄

前言　價值行銷法則的三大關鍵　003

第一章　行動前，你必須知道的事情　023
從一通電話開始的慘痛教訓　024
有沒有認真思考過「顧客需要的價值」？　030

第二章　理解事業的「價值」　039
重新審視事業的目的、價值與責任　040
實際體驗才能找到商品價值　055

第三章　選擇目標客群時的危險陷阱　065
拓展客戶的顯在需求　066

挖掘顧客的潛在需求 078
注意目標客群的需求是否正在降低 086

第四章 站在消費者的立場思考製作商品 091

為不同目標客群打造專屬的豐富商品 092
根據目標客群追求的價值提供獨特的商品 098

第五章 獲得新顧客、培養老主顧 111

如何獲得新顧客 112
和顧客約定再來光顧的方法 125
讓顧客在購物後成為老主顧的方法 130

第六章 拓展客源七大步驟 135

首先要執行的四個步驟 136

目錄

步驟⑤ 攻略販售地點 146
步驟⑥ 確立販售商品的時機 154
步驟⑦ 實際規劃行動策略 158

第七章 培育能夠拓展客源的人才 165

事先把顧客未來的需求化為故事 166
優秀人才的共同特徵 170
祕訣①「WHY」和「HOW」 176
祕訣② 正向語言 180
祕訣③ 認同對方 184
祕訣④ 守護 189
祕訣⑤「GOODSHOW」和「BADSHOW」 193
祕訣⑥ 只思考可以達成目標的方法 198
祕訣⑦ 不讓對方覺得膩 202
祕訣⑧ 感到驕傲 207
祕訣⑨ 共同的行動準則（方針） 212

祕訣 ⑩ 探究本質 216

第八章 拓展客源的絕對法則 221

不重視膚淺技巧與表面功夫 222
夢想的目標能夠帶來創新 227
價值行銷法則工作表 233

後記 我進迪士尼工作的真正理由 235

第一章

行動前，你必須知道的事情

從一通電話開始的慘痛教訓

「咦！三件！不可能啊……。」

這通電話是一切的開端。

我進公司的第三年，正好面臨來客人數停滯不前的時期。為了增加客源，我試圖舉辦特殊活動吸引人潮，這也是我第一次從企劃到執行獨立作業。當時的我自信滿滿的認為「這一定能大幅提升來客人數！」現在回想起來，我設下的目標數字可以說是相當「可愛」，光靠這個活動就想拯救低迷的來客人數，根本是天方夜譚。當時，我以一千件訂單（三千五百人）為目標，但實際上只接到三件訂單（目標比僅有〇．三％），最終以慘烈的結局收場。

首先，來檢討活動失敗的原因。

如何打破業績連續兩年衰退的僵局

我做活動的那年正好是西元二〇〇〇年。前一年的來客人數已經大幅下降，所以全公司都致力於絕對不能讓業績連續低迷兩年，大家也期待能一點一滴累積客源，一步步執行能夠吸引人潮的方針。

當時，我任職於業務部門的大阪分部，和旅行社共同合作，負責將關西的顧客吸引到東京迪士尼樂園遊玩。部門內除了所長外只有兩名員工，所以我們只要提案，就會被當作部門提案通過，是個能夠獨立執行工作的環境。

進公司的第三年，我第一次有機會從企劃、計畫調整到執行完全獨立執行。當時，我希望透過在自己的出生地關西地區吸引大規模人潮，展現「精通當地的當地人就是不一樣」的氣魄，於是幹勁十足的促成這項活動的誕生。

那時候的我深信不疑，認為要增加客源最重要的就是降價。只要提出至今為止不曾出現過的超低價格，顧客就會蜂擁而至，客源也會跟著提升。我甚至認為價格就是一切，現在回想起來真的非常丟臉。

不過，想降低入園費用也不是那麼簡單。那個時代的關西遊客幾乎都是向旅行社報名團體旅遊。不管是製作旅遊商品或是販售，都是由旅行社負責，我們做的不過是和旅行社簽約，請他們幫忙販售東京迪士尼的入園券。不管怎麼想，不降低來回的交通費和住宿費，團費根本不可能變便宜。但是，進公司才第三年的小毛頭四處拜訪各家旅行社，沒頭沒腦的嘗試交涉團費的價格，竟然出現成果了。最後，我們鎖定商品的目標客群，找出能夠販售商品的旅行社逐一擊破、交涉。

目標客群：大型家電企業的十萬名員工

首先，第一步從選定目標客群開始。我鎖定的目標是總公司位在關西的某家大型家電企業；總公司、工廠、相關企業和客戶全部加起來，大約有十萬名潛在顧客。很巧的是，調職到大阪前，我曾經負責向這家公司做行銷，經由當時的聯絡人的介紹，我有機會在發佈夏季獎金的薪資明細的同時，一起發放「東京迪士尼樂園旅遊」的宣傳單給所有員工。

雖然在公開市場上進行價格交涉實屬不易，但是既然有如此明確、大量的目標客群擺在眼前，自然而然，上從旅行社、下到合作飯店與航空公司，雙方交涉時都順暢無阻。我根據封閉市場的原則，主打「特定人員限定方案」限制前一千名預約者可享優惠行程的策略也大獲成功。

我和旅行社共同打造出的商品是：住在位於舞濱的東京迪士尼樂園官方飯店，內含東京迪士尼樂園一天份入園券，以及從大阪出發的來回新幹線車票或機票的套裝行程，並且祭出成人只要三萬日圓的破盤價。

一般來說，從大阪出發到東京的來回交通費就需要差不多三萬日圓，但我們推出的行程卻可以去一趟兩天一夜的旅行。我深信，在目標客群的公司發放獎金、員工全家一起討論夏日家族旅遊目的地的時候，如果出現這張宣傳單，一定能夠帶動搶購熱潮。

不論是旅行社或是飯店的負責人，開賣前每個人都自信滿滿，話題也圍繞在不知道會造成多大的轟動。會議內容也都在討論怎麼應對報名電話同時響起的狀況，或是客人湧入唯一一家可以直接報名行程的店面時該怎麼辦等，沒有一個人預想過滯銷的情況。總而言之，我們注意的只有顧客蜂擁而來該如何應對，公司以外的顧客前來報名時該如何處理等，完全只以熱銷為前提思考對策。

商品開賣的日子是獎金發放的隔天。那天，我一邊處理其他工作，一邊期待著能盡早聽到好消息而坐立難安。到了傍晚，我撥電話到旅行社，想知道第一天的結果如何。

「今天有幾個人報名？有出現什麼問題嗎？」

「報名的人連一個人都沒有。我想一定是哪裡出了什麼問題……」

「可能是看到宣傳單後還沒有機會和家人討論吧，我們再等等看吧。啊，應該沒有忘記發宣傳單吧？」

「以防萬一，我確認一下。」

我掛上電話後隔天，終於了解到事實正是宣傳單確實有發出去，但是沒有人報名。我們在事前一致認為價格非常便宜、必定會銷售一空，所以還根據販售期間和出發日期限定報名人數，但是報名最後一天接到的電話卻是……

「今天是接受報名的最後一天，但是只有三件訂單而已……」

「咦！三件！不可能啊……」

這是我想都沒想過的結果。

有沒有認真思考過「顧客需要的價值」？

自信滿滿，我人生第一次的企劃以失敗收場。也是我出生至今，第一次感受到全身無力的經驗。用盡全力後放鬆下來才全身無力的話倒沒話說，但當時卻是因為失望透頂導致無力感席捲而來。

「到底為什麼賣不出去呢？」

回到家後躺在床上，這句話頓時襲來。明明對企劃自信滿滿，還是我過度自信這個金額一定會大賣呢？不知道是後悔，還是孤獨感作祟，總之我想睡卻難以入眠。

商品的價值是會變動的

反正想睡也睡不著，所以我閉上雙眼想像了好幾次發放宣傳單的畫面。不知道是幻想還是夢境，我「看見」跟著獎金明細一起發的宣傳單一張張被丟進公司垃圾桶，這個畫面鮮明到就像在我的眼前一般。

「到底為什麼，這麼有價值的東西會被丟掉？」

正當我這麼想的時侯，彷彿有股電流流竄全身。

「原來如此，是價值啊！」我一邊嘟囔著這句話，腦中也浮現出原因。換句話說，以身為販售方的我看來，這項商品是具有價值的東西，但是對收到宣傳單的人來說，並沒有感受到絲毫價值。滯銷的理由僅此而已，沒什麼特別的。

不論是多麼優惠的商品，對不需要人的來說，便不便宜根本不在討論範圍之內。我們的宣傳單一味在乎突顯價格，甚至連一張迪士尼的照片也沒有放，只有標示價格和行程而已。

當然，如果這些都是必要的情報，結果想必會截然不同。但是，既然根本從沒想過該如何讓對方認為需要這項商品，宣傳單被丟進垃圾桶的景象未必就只是幻想。更不必說拿到宣傳單的人大半都是男性，一張只把價格放在首位的宣傳單，顯然沒有傳達出帶家人去東京迪士尼樂園遊玩能得到什麼價值。

接著，我急忙翻閱一本收在書櫃裡的筆記本。筆記本裡寫著：

價值＝依照接受方而有所改變

即使對象相同，也會因為狀況而改變。價值和價格是否成正比由接受方決定，當兩者失衡時就會喪失信用。一百日圓有一百日圓的價值，對接受方來說，價格即使只超過理想中的價值的千分之一，他就會選擇回購。

這本筆記本是我在大學時期受到福田博之老師教導後寫下的內容。直到現在，他仍是我所景仰的人生導師。

與行銷啟蒙老師的相遇

當時，福田老師因集團併購，在一年之間創造了將近兩兆日圓的營業額，他創立的兩間公司也都在東證一部上市，他同時還是MYCAL group的創辦人。

我在大學二年級時遇見福田老師。當時，我是馬術社社員，需要照顧馬匹，還要處理每天都會出現的馬糞。社員每週一次會開卡車將馬糞載去給農家，也有喜歡園藝的人經常來馬術社的馬廄帶走堆肥用的馬糞。

他們大部分的人都是用小鏟子挖馬糞，裝進自己帶的袋子帶走。某天，我看見有個人拿鏟子的手勢格外奇特，一看就知道他不太熟練。後來，我看不下去就開口搭話：「需要我幫你裝嗎？」。對方說：「喔，謝謝你啊」，裝完之後他提出要求：「可以順便幫我帶回家嗎？」。

結果，我幫忙把馬糞送到他家中的庭院。這個人的家在學校附近，為了表示感謝，他邀請我進去坐坐，但是身穿沾滿馬糞髒衣服的我和如此氣派的豪宅實在是雲泥之差，因此我委婉拒絕了他的好意。沒想到，對方說：「小伙子，隨時都可以過來玩喔，不要覺得不好意思。」還遞了一張名片，我還記得當初看到公司名稱和頭銜時的驚訝感受。

正所謂初生之犢不畏虎，不知道哪來的想法，我隔天真的去對方家拜訪，「我是昨天送馬糞的嶋田，我來玩了。」對方聽到後說著：「普通人就算聽到對方說隨時都可以來玩也不會來，你這傢伙還真有趣，趕快進來吧！」一邊帶我進入會客室。

人的緣分真的非常不可思議，因為這次的機緣，福田老師遛狗時總會特地到馬術社的馬廄看我在不在，邀請我去散步。有派對時，他也會邀請身為學生的我一起出席，把我介紹給各界的名人認識，我真的受到很多照顧，體驗了許多普通學生絕對不會有的經驗。

關東煮和法國料理的「真正價值」

每次和福田老師見面時，他都會用學生也能簡單明瞭的說法，教導我怎麼樣才能稱為經營者、該如何體察顧客的心情、如何渡過危機等，每天晚上回想當天老師的教導，並且把重點整理在筆記本上成了我的例行公事。

我也是那時候學到了所謂的「價值」是什麼。

那天的事，我至今仍歷歷在目。時間是二月某個寒冷的星期六午後，福田老師到馬廄來找我去散步，途中我們繞去便利商店，福田老師問我：「你知道便利商品開始賣關東煮了嗎？」我說：「我知道，經常吃」，於是老師邊說著：「你去幫我買」一邊遞出一張千元鈔票。

後來，我們坐在便利商店附近的長椅上，一起吃著熱騰騰的關東煮，福田老師問我：「雖然關東煮一個只要一百日圓，但是卻能輕鬆享用，真的很棒。怎麼樣，不錯吧？」我馬上回答：「對，很好吃」。

當天晚上，剛好福田老師和師母也邀請我一同共進晚餐，那是我出生以來第一次享用全套法國料理。餐點結束正在吃甜點時，福田老師突然問我：「小伙子，你覺得這餐一個人要多少錢？」師母馬上打斷對話：「怎麼問這種問題……」福田老師說了「這個問題很重要」之後，再次追問我。

雖然我毫無頭緒，還是回答：「大約一萬日圓左右嗎？」福田老師笑著說：「笨蛋，光這頓飯就要三倍喔！」接著老師再次拋出問題：「那和下午吃的關東煮哪一個好吃？」我馬上回答「當然是法國料理」之後，福田老師好像已經預料到答案一樣，用啞口無言的表情說著……

「你這傢伙是因為金額，所以說法國料理好吃吧？你聽好囉，我告訴你一件很重要的事：一百日圓有一百日圓的價值，三萬日圓有三萬日圓的價值，十萬日圓當然也有十萬日圓應有的價值。因此，三者之間不可互相比較。」

接著，福田老師面帶微笑教導我：

「所謂的價值，會依照接受方當下的狀況而改變。在夏天炎熱的天氣裡，販賣一百日圓的關東煮和霜淇淋，不管是誰都會選擇霜淇淋對吧。但是，同樣在夏天，吹冷氣凍僵身體的人理應會選擇關東煮。簡而言之，價值會根據狀況與對象隨時改變。向需要的人販賣他需要的東西就是買賣的基本，好好記住啊！」

「還有，價值有它對等價值應有的金額。如果商品的價值和價格並不相等，顧客就不會花錢購買，即使他們奇蹟似的掏錢買下商品，也不會回來買第二次。但是，只要有比價格高出一點點的價值存在，顧客就會再次上門光顧。價值是什麼？要打造出高於價格的價值，又該怎麼做呢？你可要謹記在心喔！」

以上教誨，就是當天晚上我在筆記本上寫下的內容。

雖然我和福田老師之間的回憶故事有些脫離主題，但是，我想表達的是，這次的失敗無庸置疑是因為，只有我認為這個企劃和宣傳單具有價值，對接受方來說卻感受不到絲毫價值。那麼他們又是為什麼感受不到價值呢？如果如同福田老師所說，「向需要的人販賣他需要的東西是買賣的基本」，我想我肯定沒有遵守這項基本原則。

和十萬名員工的薪資明細一同發放的「東京迪士尼樂園旅遊」宣傳單，完全沒有傳達出帶家人去迪士尼樂園遊玩的任何一點價值，因此員工根本沒有把宣傳單拿給妻子或小孩看，就直接扔進垃圾桶。面臨如此慘烈的失敗，才是我踏出身為社會人士的第一步。因為這次的失敗，我才發現失敗的理由不僅是因為商品滯銷，也開始思索如何吸引新客源到迪士尼樂園遊玩，以及該怎麼做才能讓顧客再次蒞臨。

你所提供的商品或是服務，有什麼是「顧客所追求的價值呢？」如果你能和我一起思考這個理由、一起進入下一章，實在是我的榮幸。

第二章

理解事業的「價值」

重新審視事業的目的、價值與責任

我從小就很憧憬「彈塗魚先生的動物王國」，當我知道高中有馬術社時，光憑著喜歡動物這點就加入社團了。後來，我甚至以成為馴馬師為目標，傾心於和馬一起生活的時光。

騎馬用的馬和競賽馬理所當然可以讓人騎乘，那大家知道剛出生的小馬過了多久才可以讓人騎乘嗎？其實，不論是野生的馬，或是一出生就被當做騎乘馬或競賽馬的小馬，一開始都完全不知道會被人類騎乘，只是出於本能四處奔馳。但是，到了一歲的夏天，我們會在馬身上裝上馬銜、韁繩和馬鞍，教育牠人類會騎乘牠，讓牠馴服人類的指令，這個過程就稱為「馴化」。這段時期需要花時間和小馬對話，一邊馴化牠們，不過過程中並不是要支配馬兒、讓牠們忍耐，而是讓牠們學會「這樣沒問題喔」，並且取得牠們的認同。經歷這些過程後，有人想要騎到牠們身上時，馬兒就能不亂動、保持靜止，並能獨立思考該如何行動。

簡單來說，即使是動物，也能學會思考「我的工作是什麼？」「為了達成工作，應該怎麼做？」。那你對於自己的工作又是抱持著什麼樣的想法呢？

「我的工作是什麼？」

「為了達成工作，應該怎麼做？」

員工們是否也能像這樣思考呢？

真正想要達成的目標是什麼？

我在第一章提到，商業的基本就是「向需要的人販賣他需要的東西」，因此如果你無法理解你提供的商品是什麼，就無法向前邁進。也就是說，你能否理解「事業的目的與價值」、「願景與任務」。或許有些人認為這種事不用問也知道，但是，需要理解這一點的不光只有經營者，重要的是員工和計時人員是否能夠理解。當你身為部門管理者，下屬是否理解這件事，對於往後如何活用經營策略占有舉足輕重的地位。

舉例來說，你正在經營一家美容院。所有成員是否都知道顧客會向美容院尋求什麼商品或服務？美容院能提供什麼產品與服務？以及顧客到底能得到什麼價值？如果你所提供的不只是一般的美容院服務，而是販售實體的商品，那麼大家索求這項商品的價值又是什麼呢？

此外，公司內部每個人的答案是否一致、所有人是否都了解這些事非常重要。如果公司只有社長一個人，只要社長一個人理解即可。但是，一旦有超過一位員工，每個人擔任的職務自然不同，更需要確認大家是否能夠達成共識。

當然，即便是只有社長一個人的公司，如果事業的核心價值不夠堅定，只要出現一點小問題，或是環境出現變化，就非常容易受到眼前的業績壓力影響，改變公司方向與策略，最後演變成策略背離事業核心價值，導致一切開始搖搖欲墜，像這樣的案例並不少見。

迪士尼的教育訓練為什麼這麼厲害？

大概在我開始撰寫這本書的時候，我再次翻開一九九八年參加Oriental Land的教育訓練時的筆記本。雖然，這應該不是新進員工教育訓練時期留下的筆記，但二十四歲的我在筆記本開頭寫下了這段話：

- 東京迪士尼樂園是主題樂園
  主題樂園＝體驗夢想、冒險、歷史與未來的地方
  迪士尼樂園＝「世界上最幸福的地方」（華特．迪士尼）
- 東京迪士尼樂園的商品是顧客的幸福（快樂）
  幸福的特徵在於……沒有形體
  無法保存

●我們的責任＝服務顧客的專家
提供快樂的人
打造快樂

翻閱筆記本的同時，我也回想起當時的景象，至今我仍記得教育訓練是從「東京迪士尼樂園究竟是什麼？」這個問題開始。我也記得一起上課的新進員工提出了各式各樣不同的意見，「主題樂園」、「讓來園區遊玩的人感到幸福的地方」、「創造難忘回憶的地方」等。

我是關西人，總認為自己必須搞笑裝笨，所以我只記得每次講師提問時，我都回答很愚蠢的答案，除此之外，我完全想不起來當初是以什麼樣的心情聽課，或者是否能夠理解課堂內容。如今再次翻閱筆記本，我才發現教育訓練時講師教授的道理真的非常深奧啊。

迪士尼的教育訓練令人感到佩服的地方在於，進公司的第一個教育訓練，公司就先向新人宣言「我們販售的是幸福喔！」我想沒有人聽到「販售幸福」會產生負面的感受。於是，無形之間，公司再次讓新人感受到自己的公司在做很棒的事情。接者，講師會再推一把，跟新人說：「但是，幸福沒有形體，所以每個人的感受應該都不一樣對吧？而且，幸福無法儲存、也無法保存，所以新鮮度非常重要。簡單來說，幸福是在一瞬間產生的感受。你們應該都能理解吧？」那個瞬間，新人們會開始思考。「我能辦到嗎……？」

此時，講師會刻不容緩的繼續說下去，「你們是提供幸福的專家，正因為你們做得到，所以你們才會在這裡！」這個瞬間，全體人員會產生共識：我們的職責是為顧客創造幸福，我們是製造幸福的專家，顧客的幸福就是商品。如此一來，後續舉辦的所有教育訓練，都能讓新人在理解「身為提供顧客幸福的專家需要的條件」的狀況下進行。

讓全體員工理解目的、價值與責任

舉例來說，新進員工的教育訓練課程中有一堂禮儀課，其中一個單元是「打招呼的方法」。但是，我認為至少會有一部份的人認為「現在還要教我們這些成年人打招呼的方法啊」，一定也有不少人會在心裡暗想著「好麻煩啊」。不過，如果講師這樣問：「作為提供幸福的專家，得體的打招呼方式是不可或缺的條件之一。那麼，大家對於打招呼的基本規則有多少認知呢？」情況又會如何呢？我想，講師的話語一落下，大家的心境瞬間會從「被動受教」轉變成「想要主動學習」。當我們自發的感受到需要而學習，就會像乾燥的海綿吸收水分一般，盡力讓知識成為自己的所有物。

員工能不能理解自己的責任非常關鍵，不只是在教育訓練課程上會出現差異，新進人員各自分發到不同的部門後，也會因為能否理解各自的責任而產生不同的結果。原因在於，每個部門的工作內容都不一樣，而且即使是同一部門的同事，只要職務內容不一樣，執行的工作內容也就不同。因此，公司才需要讓員工了解責任所在、公司的目的與商品價值，避免核心價值遭到動搖、失焦。

迪士尼裡有負責園區遊樂設施和表演的營運人員、在餐廳和商店接待顧客的演職人員、人事部負責人才培訓的員工、負責開拓客源的業務，以及任職娛樂部門構思表演的人員。此外，甚至還有名為防火部的單位位於度假區內，負責防災和災害對策。換句話說，甚至可以說這些在不同工作場所的員工，其實是任職於不同的公司，所以每個人負責的事務也相距甚遠。

然而，不論是員工或是計時人員，當全公司從上到下所有人都對自己的責任是「讓顧客感到幸福」達到共識，透過工作「致力於讓顧客感到更加幸福」，並且秉持著「這會讓顧客覺得幸福嗎？」的心意，思考該加入什麼樣的創新想法和事物，如此一來，每個人的行動將能直導企業的價值核心。

如果想跟迪士尼一樣，讓全體員工理解公司的目的、價值和責任，最重要的一點在於，是否在一開始就明確的向員工傳達這些訊息。員工剛進入公司時，馬上透過經營者或是教育訓練確實傳達公司的目的、價值以及自己的職責，必須建構員工為了達成目的，自我思索方法的模式。

達成共識，讓旅館重獲新生

到目前為止，各位覺得怎麼樣呢？這本書是我為了「對自家的產品或是服務很有自信和抱負，並且想藉由這項產品或服務吸引顧客的人」所撰寫的。但是，我相信大家應該也知道，為了打造團隊和管理問題而煩惱的讀者，同樣也能適用這套解決方法。

你的公司有沒有以簡單易懂的方式傳達公司的目的、價值和責任，讓員工達成共識呢？那麼，每位員工是否都能準確理解呢？接下來，我想分享一個讓員工對服務的價值達成共識而取得成功的案例。

我朋友的旅館設備老舊，訪客人數年年遞減，某一年開始，他們決定不再承接團體宴會和團體旅遊，改成以散客為主要客群。隨著時代的變遷，旅遊團客與在旅館舉辦宴會的人數確實日益減少，為了革新年年業績低迷的旅館，朋友說首先必須從員工的思維改革著手。

以團體旅遊而言，大部分的團員並沒有選擇旅館的決定權，他們之中應該也有人是心不甘情不願被迫參加。換句話說，散客和團客選擇住宿地的目的迥然不同，想要同時滿足兩方的需求實屬不易。為了再次讓員工理解旅館的價值，從鎖定自由行的散客開始是相對容易執行的切入點。

於是，我的朋友為旅館附加上的價值是「全世界最能讓顧客放鬆的地方」，而員工的責任則是「為顧客創造永生難忘的回憶的製作人」。結果員工們出現巨大的改變，紛紛主動展開行動，除了必須直接接待顧客的人，其他人也開始思考「為了能讓顧客放鬆，我該怎麼做？」「為了讓顧客留下畢生難忘的回憶，我要做些什麼呢？」

隨著員工逐漸對價值達成共識，現在不只直接接待顧客的員工，甚至連內勤員工也會一起參與討論。例如，該如何活用團體客使用的宴會廳？或是該如何利用現有的設備，將旅館打造成全世界最能讓人放鬆的地方？這正是將目標明確化，每個人開始自發展開行動後，組織和團隊也自然而然團結一心的典型案例。

沒有達成共識，會發生什麼事？

提到這個話題時，如果碰到便利商店或是加油站等難以在商品上做出區別的產業，這些公司的負責人都會反問我：「我們家的商品和其他競爭對手沒有什麼差別，即使你說要了解商品或是價值，我們的商品幾乎和對手一樣，那要怎麼辦？」

這個時候，你要思考的不是加油站或便利商店所販售的每樣商品的個別價值，而是將地點、店面規模、附屬設施（停車場、腳踏車、腳踏車停車場與廁所等），以及客源最多的客層等條件納入一同思考，並且試著深入探究「在這些販售相同商品的眾多店面中，顧客會什麼會選擇來我們這裡消費呢？」。

稍後我會和大家分享個人經驗。其實，類似的案例並不少見。舉例來說，如果某家便利商店正對面新開了一家不同品牌的便利商店，兩家店中間只隔著一條馬路，這時大家都會議論紛紛，不曉得一年後哪間店會存活下來。不過，只要思考「為什麼這家店會開在這裡？」「來店裡光顧的顧客覺得有價值的東西是什麼？」，就能找出這間店的價值。

在了解自家商品價值的情況下販售商品，和不知道自家商品的價值，只是單純販售商品，兩者之間存在著莫大的差異。如果員工實際上並未理解公司或產品價值，甚至也不理解事業的目的，或是即使公司努力傳達，但員工卻始終無法理解會發生什麼事呢？

在這裡，我想要和各位介紹一個真實發生的悲傷案例，這家公司是我以前曾經負責過的客戶。他們販售的是健康食品。公司會打著嘗鮮價的名義，讓顧客以容易接受的低價購入健康食品，接著鼓勵顧客持續購買，最後提供定期訂購方案，每個月自動將商品寄到顧客家中，幾個月後回收成本、創造收益。這種商業模式就稱為定期回購。

然而，這家公司的商業模式核心「定期回購方案的移轉率（提升率）」卻在某天崩壞了。行銷負責人在廣告上用大大的字體寫下「首次免費」，但卻在旁邊用小到幾乎看不到的文字標注「僅限使用定期回購方案消費者」。

於是，第一次下單訂購的顧客全都被納入定期回購方案顧客，而且為了免費取得試用品的首購顧客，卻在一個月後收到根本不記得有買過的商品和帳單。想當然耳，訂購商品的顧客中開始出現客訴，其中也有許多人是年長者。雖然有些顧客不願意接受這種行銷方式，但是大多數人都心不甘情不願的支付了第二期的商品費用。

把訂購商品的顧客全部納入定期回購方案顧客，因此定期回購方案的移轉率達到一〇〇％。雖然單看表面時，問題看似是解決了，但是不管任誰來看，都會認為行銷負責人做出了本末倒置的行為，會出現這種結果，都是因為不明白公司的存在意義和目的而導致。

事後看來，我們就能夠明確斷定這種狀況是個十分惡質的極端案例，但是，光是二〇一六年日本國民生活中心就接獲九千一百三十一件訂購免費健康食品，最後卻演變成定期回購的消費爭議諮詢，諮詢件數將近是四年前的二十倍之多。由此可知，這類型的企業目前仍在持續增加當中。

只會唱和企業理念和使命沒有用！

如果員工確實理解事業的目的和價值，理應不會採取這種做法。然而，事實上這種公司卻多到滿坑滿谷。簡單來說，若是員工沒有理解事業的真正目的，誤認為自己的責任是「提高公司的業績和獲利」，就會發生如同前面分享過的健康食品案例的狀況，未經思考就做出背棄顧客誠信的行為。此外，即便沒有引發任何問題，只要公司內有不夠了解事業的目的和價值的員工存在，等同於可能無時無刻深陷相同的危機之中。或許有許多人認為自家公司沒有問題，但是如果實際詢問企業的經營者「事業目的和商品價值是什麼」，大多數人根本無法馬上回答，而且還有很多人即使回答了，也說得不明所以，讓人無法理解這個人想要表達什麼。

此外，還有很多經營者會說：「我們公司每天朝會都會一起唱和、複誦企業理念和使命，所以沒問題」。但是，大部分的企業理念過於冠冕堂皇，而且唱和企業理念和使命反而變成員工的目的。即使把企業理念和使命修飾成好聽的漂亮話，若是無法傳達給員工，也沒有絲毫意義。

順帶一提，我在迪士尼工作的時候，從來也沒有唱和、複誦過企業理念或使命。迪士尼當然也有企業理念，但是我認為全體員工已經從由華特·迪士尼所留下的話語，透徹理解理念的本質，所以並不需要再刻意唱和、複誦。

最後，請各位讀者務必根據自家企業的狀況，試著回答下列問題。

WORK

請一邊回想自家公司最受顧客歡迎的商品或服務，回答以下三個問題。

①你的商品是什麼？

②你的商品帶給顧客什麼樣的價值？

③顧客為什麼不選擇其他公司的商品或服務，而是選擇你的商品或服務呢？

實際體驗才能找到商品價值

因為某件事的契機，讓我更能夠具體思考自家公司的價值。這件事發生在新進員工教育訓練結束後，大家各自被分配至所屬部門的那一天。

和我同期的新進員工大約有五十人左右。按照往年慣例，為期兩個月左右的教育訓練結束後，首先會把新人分配到能實際進行面對顧客的樂園部門，幾年之後進行崗位輪替，把將近半數的員工調動到總公司的企劃管理部門。但是，不知道為什麼，我們這一梯在教育訓練結束後，有一半左右的新進員工馬上就被分配進了企劃管理部門。

或許是因為我是關西人，但是同期當中，只有我一個人除了教育訓練以外，不曾踏進東京迪士尼樂園。然而，這樣的我竟然被分配進「業務部」。這是肩負園區客源拓展重責大任的部門，工作職責包含行銷分析、園區特別活動企劃營運、廣告宣傳、促銷活動、旅行社和企業銷售等。

雖然我在面試時確實誇下海口說過「接下來在繼續擴張迪士尼樂園版圖的過程當中，我們需要的不是只有喜歡迪士尼的人，而是應該思考如何網羅像我一樣對迪士尼絲毫不感興趣的人，以及怎麼讓這些人成為迪士尼的紛絲。為此，像我這樣的人，絕對是拓展客源時不可或缺的人才」，但是對於拓展客源的做法一竅不通的我，到底又能做什麼……。我抱著忐忑的心情，跨開步伐走向業務部門的辦公室。

主管親手交給我的六張護照

公布完新進人員所屬部門後，我和前來迎接的前輩一同前往辦公室，踏進辦公室的瞬間，所有人都停下手邊的工作，以笑容和掌聲歡迎我加入，給了我一個大驚喜。至今我仍記得，那時的我內心想著，不愧是創造幸福的公司啊。

在大家面前自我介紹之後，我被直屬主管找去會議室面談。他開頭第一個問題就是：「你除了園區教育訓練以外沒有去過迪士尼，這是真的嗎？」事到如今紙包不住火，我回答：「對，除了教育訓練之外，我沒去過迪士尼樂園。」主管說了一句「這樣不行啊」之後陷入沈默。一段時間後，主管首先打破僵局：「很抱歉，雖然教育訓練已經結束，你也被分配到我們部門了，但是你願不願意再參加一次樂園教育訓練？我會負責和公司溝通。」

他不顧呆若木雞的我，直直的凝視我的雙眼緩緩說明：「業務要做的事情是，從小孩到長者，吸引各種不同的顧客上門。每個人遊玩和享受樂園的方法都不一樣，用身體親自體會這一點和只靠頭腦理解的人相比，工作的品質可是天差地別喔。或許再次進行教育訓練的這段期間，你周遭的同期同事已經學會所屬部門的工作內容，但是在這裡，你可以花半年時間繞點路也沒關係喔。因為之後你一定會追上他們！」

至今已經經過將近二十年，這些話仍然在我耳邊纏繞，揮之不去。現在，雖然我可以很自大的說：「行銷的本質其實是在於如何看待顧客喔」，但是或許正是因為當初那位主管的這番話，如今我才能誠實表達內心的想法。

當然，我沒有拒絕的理由，所以剛分配到所屬部門後，馬上又被送回去參加園區教育訓練。但是，公司認為不能只對我一個人特別照顧，被分配到業務部的六個人都得再參加一次園區教育訓練，只不過每個人教育訓練的時間長短不同，而我是六個人裡面待最久的人，我總共待了三個月。

教育訓練地點在大街服務所，位於東京迪士尼樂園內的綜合服務中心。當我做好準備，明天開始終於要迎接第二次園區教育訓練的時候，又被直屬主管叫過去了。他說：「大街服務所這個地方呢，會有很多人來喔。大部分的人都是有問題要解決才會過來，所以要好好思考對方的心情後再行動喔。當然，也會有來客訴的遊客，不過只要站在對方的立場去想，就不會覺得害怕了。教育訓練結束後，自己出去跑業務的時候，這些經驗也能夠派上用場，所以要加油啊。還有……」接著，他不疾不徐從口袋掏出六張入園護照，接著繼續說：

「這個啊，是我給你的餞別禮物，你從關西上來，在這裡應該沒有朋友吧。教育訓練的地方有很多女大學生，如果喜歡年紀大的，也有很多姊姊，你就跟對方說你有護照，要不要一起去玩，盡量邀請女生一起玩吧。但是，不可以只用一次喔，兩個人一起入園可以去三次，所以教育訓練期間趁休假的時候分別和三個不同的女生去玩吧。」他一邊說，一邊把六張護照塞進我的手裡。

雖然我沒有問出口當時主管是以什麼樣的心情幫我安排教育訓練，又是基於什麼原因給我護照，但是這是我出社會的第一步，我堅信如果沒有當初這個經驗，也不會有現在的我。透過這次的教育訓練，我養成「首先徹底為眼前的客人著想」的習慣，到現在這依然是我思考模式的根本。

一條浴巾教我的服務鐵則

我在大街服務所接受教育訓練的時候，有個經驗到現在仍讓我難以忘懷。大街服務所是依照遊客的先來後到依序服務，雖然每天被問到的問題五花八門，遊客需要的幫助也都不一樣，但是在我的印象當中，我處理最多的是協尋園區裡遺失的物品。

開始二度教育訓練後一個月左右，八月的某一天，有個媽媽帶著年紀看起來差不多是幼稚園的孩子來到這裡，請我們幫忙尋找遺失的浴巾。我依照遺失物諮詢的準則，一邊詢問毛巾的特徵和遺失地點，一邊在心中嘟囔發牢騷：「竟然是毛巾……好討厭啊」。

因為在夏季期間弄丟毛巾的人非常多，而且毛巾還有衛生方面的問題，氣味也不好聞。遺失物品累積到一定的數量後，我們會裝進塑膠袋內保管，如果遺失的是毛巾類的東西，就必須打開塑膠袋，進行毛巾打撈作業。這些毛巾通常都擦拭過汗水等，已經不是乾淨的狀態，再加上被裝進塑膠袋內，打開袋口的瞬間，除了撲鼻而來的氣味讓人難以忍受外，還得用手去翻找被汗水等浸濕的毛巾，說實話並不是件令人愉悅的工作。那時候的我，也盡量不把心情顯露在臉上，不情願的開始尋找毛巾。不過，光從塑膠袋外觀察，能看到像山一樣多的手帕，卻不見像是浴巾般的毛巾。

於是我走回櫃檯，告訴對方沒有找到浴巾後，那位媽媽對我說：「今天是我和這孩子第一次來迪士尼樂園，但其實我還有一個出生後馬上就去世的長子，我想帶著他出生時包著的浴巾一起來，在天上的他也能和我們一起遊玩……。但是，浴巾卻不知道掉到哪裡了……」她一邊說，一邊哭倒在地。

教育訓練時講師說過，不論是什麼東西，人們都能夠賦予情感和意義。即使只是一顆鈕扣，只要是掉在園區內的東西，都要好好的將它撿起來保管。但是，我卻因為要找的東西是毛巾而產生厭惡感。那時候我對自己的愚蠢和狹窄的心胸深感可恥。結果，我在園區結束營業後才找到浴巾，最後也順利交給失主。但是，當我看到這位媽媽很珍惜的抱著浴巾說著「我想一定是長男玩得太開心才會不小心迷路」，也不禁熱淚盈眶。大家都說「百聞不如一見」，我這次親身體驗到教育訓練時學到的「幸福沒有形體」，以及用真心面對每一位顧客有多重要。

不變的價值以及會改變的價值

我善加利用上司給的護照，在園區玩了三次後所體悟到的是，迪士尼的主題樂園所創造出的不變價值，以及因對象不同而產生改變的價值。

不變的價值指的是，不管什麼時候和什麼人去都會提供的價值，也正是迪士尼的本質：幸福本身。而會因對象不同而產生改變的價值則是指，和同行者之間的關係所產生的價值。我深刻感受到即使地點相同，只要同行者不同，享受的方法和感受能產生相當大的差異。

而你的商品和服務又是如何呢？我想應該也有普遍、不會改變的共同價值，以及會隨著情況改變的價值。只有將這個部分層層抽絲剝繭釐清，才算是踏出創造客源的第一步。如果公司裡有不曾體驗過自家商品或服務的員工，請千萬要請他嘗試看看。要是對方的性別或年齡不適合，也可以請他的家人或朋友嘗試體驗。只有站在顧客的立場體驗過的經驗，才是理解事業價值的捷徑。

但是，有一點必須特別留意，那就是絕對不可以讓自家的商品和服務淪為公司福利。這是因為，這麼做會導致錯失體驗競爭對手的商品或服務的機會。理解自家商品和服務的價值後，才能理解競爭對手的優勢。如此一來，即可看清自家的強項、弱項以及要解決的問題。

WORK

試著思考自家商品和服務

①公司員工是否使用或體驗過自家商品（服務）？回答「YES」的人請跳到③。

②透過什麼樣的方式，才能讓員工體驗自家商品（服務）？

③自家商品（服務）的普遍價值是什麼？

第三章

選擇目標客群時的危險陷阱

拓展顧客的顯在需求

雖然有些唐突，但你們知道東京迪士尼樂園的聖誕節當天園區內最多的是哪種客群嗎？因為是聖誕節，所以應該是情侶；但是說到聖誕節，應該是家庭最多才對吧；不對，還是其實是朋友出遊居多呢？我想答案應該是五花八門。

我會拋出這個問題，並不是因為答案很重要，或是答案出乎大家意料等，而是希望讓大家試著思考，我們是否經常依照自身的經驗和狀況，思索商品和服務應該把誰當作目標顧客。由於人們傾向以自己為中心，對照過往的經驗去思考事物。因此，過去參加的聖誕節活動中，對情侶印象較深的人，就會回答情侶；如果是有小孩，也會思考如何帶小孩過聖誕節的人，大多數應該都會回答帶著小孩的家庭客群。

換句話說，一旦確認了事業的目的和價值後，接下來就必須為自家商品和服務鎖定目標客群。但是，這時不可以根據臆想或感覺決定目標客群。已經開始販售商品或是提供服務的人，也請再次思考看看公司的目標客群是否正確無誤。

重點是不必只選定一種目標客群。可以依照時間分類客群，即使是相同時期或相同商品，也可以同時鎖定好幾個群體作為目標客群。如果有不同的商品，照理說也應該有不同的目標客群，但最重要的是，你鎖定的目標客群是否正確、合適。

首先，請把目標客群分成兩類

該如何思考選定真正適合的目標客群呢？方法大致可分成兩種：一種是延伸需求，另一種則是創造需求。

首先說明第一種方法「延伸需求」。已經展開事業的人，請試著想像人數最多的客群。接著，請嘗試思索該怎麼做才能再繼續增加相同的客群。如果是沒有老顧客的新公司，則可以想像自己最想要吸引的客群。重點在於，不論用哪種方法，描繪顧客的形象時要愈具體愈好，除了年齡和性別之外，也要加入家族構成和收入等條件。

找出目標客群的慾望和需求

有實際案例能讓大家更好理解，所以接下來我想分享曾經負責的客群案例：住在首都圈外、必須過夜的客群。

我在思考目標客群時，一直是以旅行社的報名資料分析為基礎。在確定報名的階段時，我就會詢問顧客的年齡和團體構成，因此逐漸累積了許多確實的資料。當時，我實際分析了向旅行社報名聖誕節時期旅遊行程的顧客屬性和傾向後，發現最多的竟然是家中有四到六歲幼稚園孩童的家庭客群。而且，這個客群的人數和情侶或朋友的比例差距非常大。

老實說，我並不認為園區的聖誕節活動企劃有如此針對這些家庭客群，為了了解到底發生什麼事，我請旅行社協助，針對報名的顧客進行問卷調查。結果，我發現下列幾點動機。

動機① 孩子上小學後，不請假就無法出去旅遊

也就是說，我們能發現家長在小孩就讀幼稚園或托兒所時，對於請假帶孩子出遊的接受度比較高。此外，聖誕節期間的週末人潮眾多、住宿費也比較貴，因此不難理解為什麼家長會規劃跨平日的旅遊計畫。

動機②　以前孩子還小，感冒了會很辛苦，所以盡量不參加燈飾活動等夜間活動

我們可以發現，家長因為之前孩子還小，一直忍耐著不參加夜間活動，因此今年一定要參加的潛意識更強烈。換句話說，聖誕節＝燈飾活動的想法是促成他們實際行動的關鍵。

動機③　孩子上小學後，交通費或住宿費都會變成兒童價，才會趁還能夠免費出遊的時候去迪士尼遊玩

這點也非常令人認同。但是，如果家中沒有這個年紀的孩童，可能很容易疏忽這一點。飯店等住宿設施通常學齡前兒童都是免費，但小孩一上小學，大部分的飯店都會酌收加床費。和迪士尼合作的飯店中，雖然也有些飯店把加床費免費當作優惠，但是不一定能預約到房間。所以驅動這些父母行動的是，想要避免相同家族成員在相同地點旅遊時，預算產生巨大變動的心態。

動機④ 想要和孩子一起製造永生難忘的聖誕節回憶

雖然我們提供的問卷可以回答很多個答案，但是這個出遊原因占了壓倒性多的數。孩子三歲前即使親子一起出遊，孩子也會馬上忘記，但是如果到了幼稚園左右的年紀，就能記得出去旅行的回憶，所以這些父母才會想要製造難以遺忘的聖誕節回憶。

看了這些占多數的回答後，會發現大部分都會讓人感嘆「原來如此啊」。換句話說，這些理由和東京迪士尼樂園聖誕節的魅力交疊、相互重合，因而形成想要在東京迪士尼樂園渡過聖誕節的情感。

回答動機①和②的家庭有各自不同的思考方式，但動機③則是所有家長的共通難題。另外，動機④也是加以討論之後家長也都能接受的理由。

由這幾項動機可以看出，如果想要以有幼稚園孩童的家庭客群為目標客群，作為聖誕節旅遊期間的主要行銷目標，除了需要提出樂園的魅力和詳細活動內容外，也必須從前面四項動機學到，要透過旅遊費用和小孩的記憶這兩點吸引消費者，如此一來，就可以用極高的準確度打中目標客群的心理慾望，增加拓展客源的可能性。

確認需求和原因之後，也能更加清晰看見延伸的目標客群的樣貌。事實上，以當時我所負責的區域中，家中有幼稚園孩童的家庭數以及現階段的旅遊人數來看，以他們為目標客群可說是穩操勝券。

當時，我們特別針對家中有幼稚園孩童的家庭企劃旅遊方案。通常，旅遊廣告不會刊載顧客的意見回饋，但是這次我們加上了顧客的感想，這也是我們首次採用這樣的行銷方法。

「明年小孩就要上小學了，所以能在旅遊費用增加前參加東京迪士尼樂園的聖誕節活動真的太棒了！」

「去年為止不管帶他到哪裡玩都會馬上忘記，最近孩子開始有記憶了，想要製造難以忘懷的聖誕節回憶，所以我們就帶他到東京迪士尼樂園參加聖誕節活動。看著孩子被米奇擁抱時笑容滿面的樣子，我的內心漫溢著激動和喜悅。」

像這樣創造能讓目標客群套用在自己身上的想像，再將廣告刊載在幼稚園派發的免費報紙，並且針對會帶孩子一起到超市的顧客發放附有旅遊宣傳單的試用品，就此成功大幅度擴大客源。雖然，說到底這只是案例之一而已，但是，如果你也有一個幼稚園左右的小孩，你覺得如何呢？

大家是否已經能理解，除了單刀直入宣傳東京迪士尼樂園的魅力之外，釋出愈多對目標客群有用、能讓他們重新認識迪士尼的資訊，愈能觸動顧客的內心。要為主題樂園拓展客源的話，就不能僅局限於聖誕假期的客群，因為市場上其實存在著各式各樣的目標客群。在這之中，你想要在哪個時期吸引顧客？以屬性來看，哪一個客群人又是最多的呢？光只是思考這些關鍵，就能讓拓展客源的過程產生巨大的改變。

戰勝大型連鎖超商的小酒坊

接下來，我還要再介紹一個案例，來自如同連鎖超商與加油站等，難以界定販售商品的價值和差異性的事業。我要介紹的雖然是超商的案例，卻是我老家的真實經驗。

原本我的老家在小鎮經營一間酒坊。距今約莫三十年前左右，街道上連間便利商店都沒有。除了酒之外，我們還有販售一些日常生活用品，規模不像大型超市，所以可以輕易出手開店，而店面則是由我父親經營。

營業時間從早上九點到深夜十二點，從以前到現在都有販售和配送酒類商品，就連現在便利商店必備的御飯糰、麵包、日用品和雜誌都一應俱全。比較特別的是，當時的超市並沒有一人份的家常菜，於是我們將在市場採購的家常菜分裝成一人份販售，滿足以前酒坊沒有提供的獨居顧客的飲食需求，店裡的生意因而持續穩定成長。

然而，幾年後，全國上下吹起了一陣經營連鎖便利商店的風潮，這股風潮也吹進父親的店裡，大型便利商店詢問父親願不願意加入他們旗下，如果不加入，他們決定進駐這個區域，屆時我們的酒坊附近就會出現競爭對手。

原本我以為父親鐵定會答應，但出乎意料之外，父親卻斬釘截鐵拒絕了。如果以戰國時代做比喻，就好像擁有壓倒性兵力的領主呼籲我的父親加入他的麾下，他將承認原本保有的領地權，我的父親卻豎起叛旗，實在令人百思莫解。父親的葫蘆裡到底賣的是什麼藥，在幾個月後我終於親眼目睹了。

理所當然，幾個月後在距離路程約三分鐘左右的地方，開了一間二十四小時營業的超商。我們的營業時間是十五個小時，對方是二十四個小時，以商品品項來看，對方占了絕對優勢，更不用說對方還有掛招牌。如果要說對方沒有、我們有的條件，就只有我們會販售一人份的家常菜而已。對方的店面就在我們的對面，中間隔著一條馬路，所以條件相差不多。

原本認為萬事休矣，但沒想到我的擔心是多餘的，吃下敗仗的是大型便利商店。為什麼兵力明顯占有壓倒性優勢的德川軍，會在上田城兩度成為真田軍的手下敗將？父親究竟謀劃了什麼樣的策略？

父親執行的策略總共有兩項。第一項是增加一人份家常菜的種類；由於當時是夏天，所以他推出自製的涼拌豆腐和毛豆。而第二項則是將啤酒箱反過來，並排在店門口，設置簡單的用餐空間。總共就只有以上兩點而已。但是，光是這兩項策略，就能奪去走進敵方便利商店的人潮，是非常強力的武器。

看清主要目標客群，顧客就絕對不會被奪走！

當時，我們附近不只有可便宜入住的獨居市營住宅，在工地現場工作的單身人士則是最常來光顧的客群。傍晚工作結束後，他們會來購買啤酒和下酒菜。這些客人當中，也有買完回家後，又跑來加買啤酒的顧客。

如果想讓這些顧客能在店外啜飲啤酒，把啤酒箱反過來當作桌椅使用，效果應該不錯吧？當然，只要能讓他們養成不回家、直接在店面前暢飲一杯的習慣，一旦黃湯下肚，心情愉悅之後，不知不覺就會加點第二杯。簡單來說，我們面對競爭對手不僅處於防守姿態，也靠自己的力量提高業績。現今的時代，光是在店面前擺張桌椅都有可能被檢舉觸犯道路交通法；但是，在當時的時代，即使顧客在店面外喝點小酒、熱鬧一下，警察也會睜一隻閉一隻眼。

我們除了有自製的家常菜外，還可以在店面前喝個幾杯，所以顧客們並不會見異思遷，投向別家便利商店的懷抱。也就是說，正因為能看清主要目標客群，顧客不會被敵方奪去，也才能成功讓自家店面的業績更上一層樓。

此外，敵方也沒有發覺，零到九點這段營業時間也是我們布下的計策。雖然競爭對手的大型超商是二十四小時營業，但是當時那個區域並沒有需要開店到深夜的需求，對敵方來說，在無法提升業績的時間耗費人事費用這類固定支出，簡直是一大威脅。

親眼目睹這件事，對我產生非常大的影響。甚至可以說是我思考策略和戰術的原點。不論對方的資金和規模多具優勢，也能靠智慧想出戰勝的策略，這些經驗讓我後來得以活用在許多各種不同的場合上。

你的商品和服務，必然也蘊藏著相同的力量。重點在於，認清現在的核心目標客群，並且思考：①為什麼這種類型的顧客最多；②這些理由是不是和其他相同屬性的客群的理由相同。此外，說到問卷調查，許多人在設定費用和問題內容時想得太複雜又困難，現在網路上也有提供免費進行問卷調查的服務。如果不方便使用網路，首先可以實際訪問幾位顧客，光是如此就能達到十分足夠的效果，請各位千萬要嘗試看看。

WORK

找出方法擴大目標客群的顯在需求

① 自家的核心商品或服務的主要目標客群是誰？

② 考量到市場規模與競爭者，我們有沒有機會拓展這個目標客群？

③ 這群顧客為什麼不選擇其他企業，而是選擇自家公司的商品或服務呢？

④ 如果要擴大這個目標客群，該採取什麼樣的對策呢？

挖掘顧客的潛在需求

接下來，也請和我一起思考拓展另一種客群的方法：創造需求。這是透過吸引明顯人數較少的目標客群，開拓全新客源的方法。不同於前面介紹的是增加原本就有需求的目標客群，這個方法是將尚未被吸引、只占少數的目標客群納入版圖。聽起來或許有些困難，但是只要自家公司內部尚未出現競食效應（相互侵蝕），這個方法實行得好，即可期待達成巨大的迴響，請務必嘗試看看。

這個方法聽起來不簡單，但是當我實際回想在迪士尼任職時所吸引的顧客，出乎意料其實許多都是透過這個方法達成。最重要的兩項是「是否有餘裕關注這項潛在需要？」「這項潛在需要的規模和自家公司的狀況相比，是否能分配到適切的資源？」在此，我想和大家分享幾個實際案例。

瞄準全新目標客群的五個案例

案例①　讓爺爺、奶奶、外公、外婆一起參與的三代同堂旅行

「東京迪士尼樂園＝很擠的地方、年輕人去的地方」這種印象普遍存在爺爺、奶奶、外公、外婆的世代中，不是因為去了也無法盡情遊玩，而是認為去迪士尼玩只會弄得滿身疲倦。結果導致明明有很多長輩能幫忙負擔部分零用錢或旅遊費用，至今卻不曾和家人一同到園區遊玩。於是，我們將爺爺、奶奶、外公、外婆設定為新的目標客群。

我們在飯店設置了進房前也能稍作休息的休息室、介紹和室方案，以及推廣三代一起拍攝記念照等等，像這樣透過至今從未有過的優惠，或是設置從來沒想過的設備，順利增加了許多年長者的客源。除此之外，因為這些長輩可以幫忙負擔兒女家人的旅遊費用，三代同堂旅行的需求因而擴大，同時也增加了來園的人數。

案例②　富裕客群

到目前為止，這個客群的顧客都會住宿和室旅館、高級渡假村或是報名郵輪旅遊。

因此，我們將一次旅程花費超過百萬日圓的富裕客群作為目標客群，提供在套房或飯店享用全套套餐等，並且將旅遊商品放在專門販售郵輪行程的旅行社。然而，雖然有增加一定數量的客源，但是苦於無法繼續拓展客源，幾年之後即終止企劃。

案例③　育兒告一段落的媽媽族群

育兒告一段落的媽媽族群會相約舉辦午餐約會，也開始可以定期規劃出外旅行。我們以這個媽媽族群為目標客群，即使沒有提供較特別的方案，也靠著電視的廣告企劃和雜誌上的訊息揭露等管道，給予這些媽媽能夠和朋友一起旅行的想像，成功吸引大批客源。

案例④　大學生的畢業旅行

女大學生必備的海外畢業旅行前，先到迪士尼主題樂園來場「畢旅預演」，以即將畢業的學生為目標客群。雖然，讓學生去兩次畢業旅行不是個簡單的任務，但是除了即將畢業的學生之外，同時也可以吸引其他學年的大學生，把迪士尼樂園作為社團或任何團體送別旅行的地點，結果比預期造成更大迴響。

案例⑤　以東京觀光為主要目的的遊客

把來東京或橫濱觀光的人作為目標客群，提供他們在東京都內住一晚，順便享受迪士尼樂園的選項。在主打東京觀光的旅遊手冊中，介紹一天也能享受遊樂園的方法，並委託電視台在播放介紹東京的特別節目時，一同幫忙宣傳迪士尼的主題樂園，因而創造大批人潮。

除了以上幾點之外，迪士尼還設定了許多目標客群，透過專門為這些客群的需求設計的策略，就此拓展客源。當然，我們並非只是將目標客群細分化，畢竟只要有理所當然會來光顧的顧客，同樣也會有無法用相同方法突破心防的目標客群。

不過，不論我們提出哪些策略，這些策略都是承擔著拓展客源的重責大任。一旦提到迪士尼三個字，很多人會認為我們是透過投資大型遊樂設施與表演，持續增加園區的魅力藉此吸引遊客。但是，其實隨著園區整體的魅力不斷增加，我們除了必須再更加努力拓展那些有明顯需求的目標客群，還得繼續累積至今為止稀少的族群客源，迪士尼為了拓展客源所執行的策略非常細膩繁瑣。

追求眼前利益不會有好下場

我在迪士尼任職時為了拓展客源企劃了許多嶄新的策略，其中也有幾項受到公司採納投入實行。我是個喜歡新鮮事物的怪咖，雖然大家都說我是靠直覺行動的人，但其實我每天的例行公事就是：在空閒時思考目標客群的潛在需求（市場），將該目標客群作為基準，比較競爭對手的實績（其他觀光地的遊客資料）和自家公司的實績。

這麼一來，我能夠判斷瞄準這個市場是否具有價值。另外，說得誇張一些，一旦選定目標客群，我會像研究員一般，觀察這個目標客群一整天的行動，實際詢問、聽取對方的意見，藉由分析目標客群的思考方式，思考行銷策略。

有些人或許會疑惑「雖然能夠理解只要擴大現階段稀少、或是不存在的客群，自然就能提升業績，但是又該以哪些人作為目標客群呢？」我建議可以先從瀏覽自家公司的資料，並且保留一段時間進行歸敲、想像，如此一來，應該能夠看出端倪。

此外，還有一件重要的事：選定目標客群後，能夠思考出什麼樣的創意構想。

「針對已經決定和好朋友一起出國畢業旅行的女大學生，我們該怎麼做，才能讓她們認為到迪士尼樂園進行預演就能感受到更多幸福？」

「針對每次出門旅遊都花費超過百萬日圓的人，我們該如何讓他們在迪士尼樂園體驗到不同於以往的幸福？」

「為了喜歡看著孫子開心的樣子，但卻不太喜歡樂園擁擠人潮的爺爺、奶奶、外公、外婆，我們又該怎麼做，才能讓他們願意來園區遊玩，並且讓他們獲得幸福呢？」

如同我之前所說，重要的是，我們是否能夠依照事業的目的，思考什麼是顧客的幸福（價值）。以自我（公司）為本位的思考模式，也能創造一時的人潮。然而，卻可能導致目標客群的滿意度下降，或是抱持著不滿的情緒離開。這股不滿的聲音會自然而然四處散播，如果想再次吸引相同的目標客群恐怕是難上加難。

反之，如果能以顧客為本位思考，即可獲得以往從未擁有過的目標客群，這些顧客一旦感受到全新的價值，目標客群也能再增加拓展、擴大。重點在於，不是只追求眼前的利益，而是養成無論何時都以顧客為本位思考的習慣。

WORK

找出方法拓展目標客群的潛在需求

①針對你的商品或服務，是否有現在不存在或是幾乎沒有的目標客群。如果有，請盡可能回想哪些是有潛力的目標客群，並一一列舉寫下來。

②想透過自家的商品或服務，讓每一位顧客變得比現在更加幸福。請試著思考該怎麼做，才能實現這個目標。

③思考過①和②的問題後，請寫出一個實際上你認為最有可能獲得的目標客群。

注意目標客群的需求是否正在降低

大家應該都已經學會，要懂得提出質疑現況，以找出真正的目標客群。而且，透過目前為止介紹過的案例，也能夠理解不可以單純憑藉年齡或性別選定目標客群，還要注意各種顧客團體的組成、居住區域和收入等各種各式各樣的切入點。我相信，你的商品或服務應該也能找出許多切入點，並且運用在拓展客源的策略上。

但是，唯有一項重點，請大家千萬不可判斷錯誤。那就是，絕對不可以遺漏持續降低中的需求。並且，不可以用對待其他目標客群的方式，對待需求降低的客群。這是因為，很多時候，需求持續降低就代表在根本上發生了某些問題。

尋找客源流失的根本因素

如果想改善原有目標客群持續減少的問題，在思索「該怎麼做才能吸引顧客前來迪士尼樂園遊玩，並讓他們感覺到幸福呢？」之前，必須先採取其他對策，探究客源流失的原因，執行解決方案。

我想為大家介紹一個親身經歷的狀況。當時，明明中國地區整體的來園人數比往年增加，唯有從來自廣島的人數連續好幾個月低於前一年度同期的來園人數。那時候，我想到的原因有兩個：一、廣島的旅遊需求量下降；二、廣島人對迪士尼的旅遊需求量下降。這個過程簡單來說，就是探究根本的原因是什麼。此外，還有另一個重點要注意：改善這個狀況會不會對拓展客源造成影響或衝擊。

客源會持續流失，一定是某個地方出現問題。但是通常，與其瓜分現有資源解決問題，不如開創其他目標客群。因此，我們必須深入研究，如果投入有限的資源恢復客源，能不能帶來任何的好處和價值。

當時的調查結果發現，從廣島出發的旅遊人數不減反增，只有前往迪士尼遊玩的旅遊需求下降。而且，主因竟然是ＪＲ西日本鐵路公司推出大規模優惠活動，搭乘新幹線前往關西地區旅遊的車票價格大幅降低，於是前往東京的旅行團費用水漲船高。再加上ＪＲ西日本鐵路公司手握主導權，透過電視大力宣傳關西旅遊特別節目和新聞廣告，讓情況雪上加霜。

優惠活動雖然只是暫時性的，但是廣島是中國地區規模最大的客群，絕對不可以坐以待斃。因此，我們推出搭乘飛機前往東京迪士尼樂園遊玩的優惠商品，盡力將影響降到最低。

雖然這個案例中的狀況只產生一時的影響，但是過程中也碰上競爭對手販售比我們更優惠、有質感的商品等，像這樣非常基本的理由也會導致客源流失。碰到類似狀況的時候，首先請思考恢復客流量是不是第一優先的任務，接著再依此展開行動。

WORK

為了恢復流失的客源，該做的事情有：

①自家的商品或服務，是否出現了目標客群減少的傾向？

②你認為是什麼原因造成的呢？

③恢復或拓展這個目標客群，除了可以提高業績，還有哪些價值和優勢呢？

④如果要恢復或拓展這個目標客群，該採取什麼樣的對策呢？

第四章

站在消費者的立場製作商品

為不同目標客群打造專屬的豐富商品

如果已經理解到目前為止的章節，並且實踐、徹底探究目標客群，將能看清目標客群對於商品或服務所追求的「價值」。因此，我們在本章要一起思考，如何打造出能傳達價值的商品。很多人可能會說「就算說要製作商品，但是商品早就已經確定了啊」。其實，即使是相同的商品，只要改變購買的方案或是附帶的服務，目標客群也會隨著改變。同理可證，希望大家能站在目標客群的角度，從零開始思索，他們眼中看到的商品是否符合理想中的樣貌。

「目標客群不同，促銷管道和手法也得改變」是經常採用的方法。本章要說明的道理與這個方法相同，都是透過檢視商品是否針對目標客群，也會對拓展客源產生巨大改變。以提供能讓人放鬆的按摩服務店為例。即使同樣是按摩服務，但根據顧客性別和年齡的不同，需要的按摩時間和服務內容也會改變。還有，即使是當日來回的入浴設施、提供的浴池（溫泉）也相同，銀髮夫妻和年輕情侶在設施內停留時所追求的東西應該也不會相同。

簡單來說，就算主要商品只有一種，為了增加、拓展客源，就必須將貼近目標客群的服務或形態等商品化，以展現商品的吸引力。

將女大學生納入目標客群

在這一節裡，我將會介紹為了拓展迪士尼園的遊客人潮，將女大學生作為目標客群的案例。

很多人在行動之前就覺得任務艱難，他們認為為了增加客源「必須根據市場行銷理論調查和分析」，所以聽起來就是很難。但是，拓展客源的原則就只有一個：「認真看待顧客想法」的消費者思考模式。我建議大家不需要想得過於困難複雜，首先，先徹底想像目標客群的生活形式和思考方式。

實際上，為了拓展大學生客源時，我的方法是就是直接詢問、傾聽作為目標客群的女大學生的想法。故且不論這種方法是不是最恰當，但是分析目標客群時，這是一套非常有效果的方法。

各位是不是認為，「因為是迪士尼」所以可以委託調查公司進行團體訪問等。但是，事實上我在做調查時，主要使用的是旅行社的訂單資料及問卷，不需要耗費任何一毛錢。除此之外，關西地區當時可以使用的宣傳費比原本想像的還要少上許多，要從稀少的宣傳費用中擠出調查費用，可謂是緣木求魚。因此，我當時也只能採用最不需要花錢的方法，委託還在念大學的後輩協助調查。在現今的時代，只要活用社群軟體和手機應用程式，不論是誰都能不花費一毛錢進行市場調查，因此這種調查方法或許反而看起來不切實際。

但是，親耳傾聽的意義非常重大。如果出現不在預料之內的疑問，甚至可以根據目標客群不經意說出的一句話順藤摸瓜找到很大的啟發。事實上，當初我就從大學生特有的行動模式中，看清社會人士絕對無法想像的獨特金錢觀。為此，應該直接和顧客接觸，安排顧客座談會或感謝會等企劃，製造和他們面對面說話的機會。

即使你的商品都是販售給批發商，和最後的顧客端關係較為薄弱，也可以嘗試親自走訪販售自家商品的店家，花一天時間親眼確認是什麼樣的顧客購買自家的商品，而自家的商品又會被拿來和什麼樣的商品做比較。

令人驚訝的事實

接著，回到調查的部分，其中最重要的答案是，大家同時提到一點「我非常喜歡迪士尼，但是只有一個人不能去啊」。雖然，的確也有許多遊客是自己一個人獨自前來，但是外地的大學生，多半都是邀約其他人一同來園區遊玩。

接著，需要確認的是，是什麼樣的契機，讓你想邀請對方。在這裡提到的邀請對象並不包含父母親或兄弟姊妹這類的客群區隔，而是調查邀請什麼樣的朋友，一共邀請了幾個人。

如此一來，就能將客群區分為下列三種消費模式。請瀏覽下一頁整理後的調查結果。如同圖表所示，總共有三種消費模式，有趣的是，各種消費模式的邀請對象、目的和預算皆不同。當我看到這個結果時，與其說是震驚，不如說是恍然大悟，深刻反省至今的自己有多麼膚淺。

在調查結果出來前，我只把大學生當做大學生看待，他們只有一種屬性。然而，調查結果顯示，顧客不能只以屬性一言以蔽之，當許多人聚集在一起，每個人都會有自己的想法，依照自己的的想法行動。如此理所當然的道理，我竟然忘得一乾二淨。

直接訪問女大學生的調查結果，明確得出三種消費模式。根據契機的不同，邀請對象、理由和預算也各有差異。

透過圖表，我們能夠得知目

表1　同一客群、不同的消費模式

	模式①	模式②	模式③
契機	季節性活動	假期	得到相關情報
邀請對象	喜歡迪士尼的朋友 邀請兩、三人或是少數朋友	五到六人的女子旅行 只邀請研討會或社團等團體中的女生，互相討論後決定地點	得知該項情報時，在自己身邊的朋友，或是當天和自己分享這項情報的朋友
理由	想要好好享受活動時，只會和喜歡迪士尼的朋友一起去。 以參加活動為主要目的。 想要和朋友一同分享參加活動的喜悅。	去迪士尼遊玩並非主要目的，只是想趁著放假期間，和大家一起玩樂，創造回憶。	獲得的情報有期間限制，當下也找不到其他適合的時間點，時間能否配合才是重點。能夠便宜出遊，就是出發的目的之一。
預算	沒有特別限制（能力負擔範圍內）配合大家方便的時間，選擇最便宜的方案。	一個人兩萬日圓以內 即使沒有興趣，兩萬日圓算是可以接受的範圍	已經設定好一個便宜的價格金額

的不同，旅伴也會隨著改變。換句話說，根據一同旅遊的對象不同，目的、預算和人數也會隨之改變，因此，商品應該提供的價值也應該不同。

在此，讓我補充說明一件事。首先，請各位回想，我在第三章分享過的老家連鎖超商案例。提到超商的商品，從食品、飲料、雜貨、零食到書籍應有盡有，種類繁多。然而，我家的小酒坊戰勝競爭對手的主要原因是：能讓顧客下班回家時，輕鬆的以親切的價格喝杯小酒、吃點家常菜的空間。能夠稍微喘口氣歇息的時間，正是這家商店所提供的價值。所以，對於尋求放鬆歇息時間的價值的顧客來說，酒與家常菜才是商品。

也就是說，商品指的是實際的商品，但是如果就拓展客源的觀點看來，透過商品提供給顧客的價值本身，才是關鍵。

根據目標客群追求的價值提供獨特的商品

針對大學生這個客群的狀況，應該提供什麼樣的價值呢？從外地大學生前來迪士尼樂園遊玩的三種消費模式中，我選擇可以盡量放大大學生需求的第二種消費模式（和朋友一起旅行）。

理由非常單純，請見下頁圖即可得知，我瞄準的是最大的客群。雖然將所有客群都作為目標再好不過，但考量到人力資源和資金，只能選擇其中一種，而且選擇這個客群也能符合經費預算。

如果要促使這個目標客群做出行動，又該提供什麼樣的價值呢？為此，我們再深入挖掘這個目標客群的大學生的想法和意見。

我們的目標是吸引大學生到迪士尼樂園玩，因此詢問「怎麼做會讓你想來迪士尼玩？」「預算多少？」「什麼時間比較好？」「會想要參加活動嗎？」也是其中一個方

圖 4 大學生客群的區別

大致上區分為三種群體。決定瞄準最大的客群：「想利用假期和許多朋友一起團體出遊的大學生」族群。

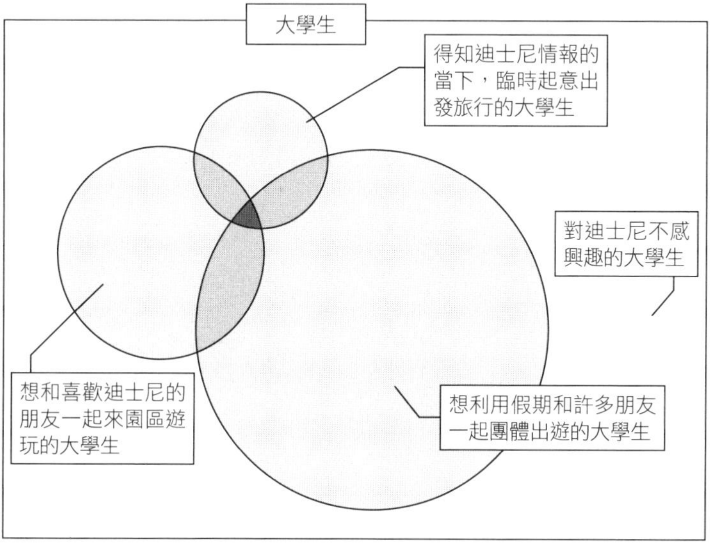

法。但是，過於單刀直入的問題會讓答案摻雜了個人期望，容易導致難以找出核心重點。

因此，這種時候，反而應該採取不同手法：一概不提迪士尼，而是藉由詢問對方，了解過去競爭對手的情報和經驗，例如：「過去參加過的團體旅行中，你最喜歡哪個地方呢？」「選擇地點的時候，什麼樣的條件是抉擇關鍵呢？」「以及，當時最困難的問題是什麼呢？」

根據消費經驗，引出消費者心理

我向各位讀者提過，思考消費者的心理是行銷和拓展客源的最大原則；其中，要了解消費者心理，最簡單的手法就是：透過消費者過去的消費經驗探聽成功和失敗的經驗。而且，我們只要判讀其中的要素即可。

這是因為，這些要素並不會經過修飾，隱藏著等同於慾望的真心話。接著，就只要將顧客的真心話化為實際商品。

當時，有位大學生透露「之前住過小木屋，即使玩鬧到早上也不會被隔壁的人罵」成為他們抉擇地點的關鍵因素。迪士尼當然不可能推出小木屋的住宿方案。但是，既然已經得知學生對於「玩鬧到早上也不會被罵」的要素感受到了價值，就只需要活用這項要素即可。直接挪用其他公司的案例，將涉及著作權和商標權等問題，但是，模仿對方的想法不僅合法，同時也是全世界每家公司都在做的事。

雖然這是和主題無關的題外話，但是教導我這個想法的是迪士尼在海外的協助夥伴單位的人，要是說到版權管理，他們絕對是全世界最嚴謹的。

以工作立場來說，對方是日本迪士尼樂園行銷部門的海外協助夥伴負責人，所有行銷策略都必須經過他的認可才能夠執行。但是，他會和我一起去溜冰（這是他的興趣），當我在大阪的辦公室工作，他私下到關西遊玩時，我們會一起出遊觀光，因此和他的私交變得非常好。

當時，我和朋友第一次去佛羅里達的華特迪士尼世界旅行。由於難得去一趟佛羅里達，我不顧公事和私事可能混在一起，想著直接詢問迪士尼總公司的人絕不會出錯，因此跟他商量了這件事。他知道我不是為了工作，而是私下去迪士尼遊玩後喜不勝收，除了來回的飛機票以外，從預約飯店、餐廳訂位、園區的門票到汽車租借都是他協助處理。

善用其他公司的成功案例，提高成功機率

出發前，我想要親自向他道謝，並請教當地的玩法，因此邀請他共進午餐。那時他對我說：「華特迪士尼世界在佛羅里達總共有八個樂園和娛樂區，而環球影城也有兩座樂園。除此之外，還有海洋世界，雖然和主題樂園不太相同，但是還有甘迺迪太空中心

（NASA）。如果想要全部走完，一個星期雖然不太夠，但是要好好享受喔。還有，如果找到什麼有趣的想法能帶回日本的話，千萬要帶回來分享喔！」

我聽到馬上反問：「但是，就算是有趣的企劃，也是競爭對手的企劃，不太可能在日本執行吧？」沒想到他反駁我：「只是一個創意思考而已啊。雖然日本人傾向所有事情都從零開始，但是將已經存在的想法重新妝點粉刷，也是很優秀的方法喔。」

接著，他丟了一個問題給我：「你知道標竿（benchmark）這個詞嗎？」雖然現在我身為顧問到企業拜訪時，也會很自以為是的問對方：「貴公司的標竿在哪裡？」但是那時候其實是我出生至今，第一次知道這個名詞。

他告訴我：「標竿說得簡單易懂就是競爭對手的意思。透過合法的方式，學習對方執行的企劃或服務，並加以採納改善，就是卓越的行銷策略了。我認為，環球影城能在美國獲得成功，是因為迪士尼的關係。但是，同樣的，我也認為迪士尼樂園能更往上層樓，部分也是因為環球影城的成功。」這些是英文能力不足的我理解到的內容，所以或許翻譯上有些出入，但是，正因為他教導的這個思考方式，才能讓我在完全不相關的不同業界，累積許多成功經驗。

換句話說，無論身在哪個業界，大部分的情況都有成功案例，探討競爭公司為什麼能夠成功，從模仿展開第一步也是非常優秀的方法。透過吸取其他業界的成功事例作為基礎，從中創造一片藍海也不無可能。

在上班族的世界裡，經常可以看見新主管上任後，全盤否定過去的做法，採用自己獨樹一幟的做法。我認為，他們大概是想要表現出靠自己的力量能夠產生多大的改變。然而，這類型的人看到以其他公司的創意構想作為基礎的方法時，會認為「明明就得贏過競爭公司，你卻選擇和對方一樣的方法，怎麼行得通」「這種思考方式太老舊迂腐了」「我們是後發者，這樣會做不出差異化」，於是他們很常臨時一百八十度轉換策略方向。

然而，請各位千萬要小心，表面上採納創新的想法，卻只改變執行方法的做法，最終以失敗收場的案例非常多。成功的事物必然存在著成功的理由，確實看清它的本質才是關鍵。

如同前文所說，我發現日本人確實喜歡從零開始企劃。但是，即使從零開始，光是懂得從成功案例吸收創意構想，就能大幅縮短時間。請各位銘記，正因為在其他地方曾獲得成功，成功的機率才會提高。

另外，在日常生活中要是發現了有趣的企劃或服務，可以記錄在筆記本裡保存下來。這本筆記本，正是能夠讓未來的你擴張事業的創意構想來源。

針對大學生的行銷企劃大功告成

之前話題有些偏離主題，但接下來我們要講回以大學生作為目標的案例。告訴我小木屋旅遊好處的大學生，他的問卷回答如下表所示。

其中，最讓我感到意外的是，原先我認為會出現像是游泳池、大海或是溫泉等物質條件，但卻一概沒有出現。我詢問對方，為

表 2　針對大學生的問卷調查

至今為止最棒的旅行	
目的地	鄰近琵琶湖露營場的小木屋
旅遊時間	夏天
成員	同時間加入社團的八位團員
預算	約一萬五千日圓（控制在兩萬元日圓以內即可）
決定的關鍵因素	住在小木屋，所以即使玩鬧到早上也不會被隔壁的人罵 冰箱內的飲料無限暢飲 在琵琶湖拍大家玩得很開心的團體照
回憶	大家都還記得舞蹈動作，一起跳舞 把和大家一起拍的照片拿給其他人分享

什麼旅行地點的特徵並沒有成為抉擇的關鍵因素，對方回答：「一起出遊的是這些人，所以不管去哪裡都會很開心。只要預算不要過高，知道大家都能玩得開心就足夠了。」

簡單來說，比起將目的地放在第一順位，回到飯店後還能繼續談天、預算不過高才是首要條件，接著才會比較個別候補地點的特徵和魅力。因此，我們採納以下幾項要素，打造出旅遊商品。

①希望不只有白天，連回到飯店後都能毫無顧忌的玩鬧聊天到早上。
②全員開心的做一些令人羨慕的事情，和其他沒辦法一起來的朋友分享炫耀。
③價格在兩萬日圓以內。
④團體成員六到八位。

雖然到目前為止，都在談論價值有多重要，但是在販售商品的最終階段，不得不將價格的價值也納入一併思考。即使再有價值的商品，一旦價格過高，也等同於沒有價值。

這次我們所打造出的旅遊商品如下……

- 去程搭飛機，回程搭巴士，包含夜宿巴士的三天兩夜旅遊。
- 住宿的飯店和迪士尼合作，提供接送至東京迪士尼樂園的服務，一房四人。
- 住房人數可特別增加至八人。
- 關園回到飯店後，可以免費享用宵夜自助餐。
- 廣告形象照為帶著米奇頭箍在樂園拍攝記念照的女大學生。
- 價格為一萬九千八百日圓起，內含兩日入園護照。

這個商品主打的重點是：提供能夠多人入住的的環境，以及會想向朋友炫耀的記念照。飯店的部分，我們請他們協助增加折疊床，雖然房間內會堆得滿是床鋪，但這正是學生所追求的需求。

另外，雖然我也考慮過放上樂園活動的簡介，但迪士尼樂園本身就是娛樂場所，既然大家已經理解團體出遊能添加更多樂趣，因此我認為不介紹樂園，改成突顯「想要向其他人炫耀的形象」，或許更能提高來園的慾望。

最後，只要把價格壓在兩萬日圓以下，就能達成毫無顧慮邀請朋友的任務。其實，原本的計畫是來回都搭乘夜間巴士，如此一來，價格便能再降低，但因為想起學生提過「來回如果都搭乘夜間巴士，旅行的前後兩天打工都得排休，有點浪費」，所以特地標注「去程搭飛機，出遊前一天打工也不用排休，回程搭夜間巴士，不必在意回程時間，玩到多晚都可以」。結果這個行銷方式成功奏效，我們靠著這個旅遊方案，成功吸引比前一年多出將近六倍的人潮。

如同前文所說，透過從核心目標客群的本質慾望找出價值，打造提升團體價值的商品，就能創造超出目標的成果。

了解目標客群追求的「價值」，商品就能獨一無二

近期的夏日音樂祭、彩色路跑（Color Run）和泡泡路跑（Bubble Run）等活動，都是針對團體顧客作為活動企劃的目標。這些活動明確建立團體遊客追求的「大家一起享受」的吸引力，成功吸引大批人潮聚集。

雖然團體顧客和散客各有不同，希望大家能嘗試各別思考「針對目標客群的價值是

什麼？」「為了達成這個目標，該如何改善自家的服務或商品？」，如此一來，未來誕生的正是只有你能提供的獨特商品或企劃。

唯有一點不可忘記的是，製作商品的一方，必須秉持著做到滴水不漏的態度，認真看待顧客的想法和意見。因此，必須經過不只一人認同，而要接受眾人雙眼的濾鏡審核。實際上，要做出一件旅遊商品，必須透過非常多人的協助才能完成。每個人不能只在乎自己的公司或立場上的利益，必須懷抱著讓企劃成功的意識體貼周遭所有人，並且謹記於心最重要的一點：為了讓參加旅行團的團員露出最美麗的笑容、感受最棒的幸福，抱持這樣的想法，才是所謂的成功。

WORK

透過競爭對手，再次確認自家公司的強項。

①誰是自家公司的核心商品或服務的競爭對手？

②競爭對手的商品魅力是什麼？

③請列舉出自家公司的商品，比競爭對手的商品多了哪些魅力？

第五章

獲得新顧客、培養老主顧

如何獲得新顧客

在前一章，我們已經討論過，必須從顧客的本質慾望中找出價值，以此作為商品開發的核心架構。但是，完成的商品未必能大賣。原因在於，顧客本身就很容易猜忌多疑。販售的商品如果太過便宜，大部分的人都會產生「就當被騙一次」的心態。輕易驅動他們內心的思考模式是，如果商品不好，下次就不要再買了。

但是，一旦價格提高，消費者甚至連「被騙一次看看」的意願都會消失得無影無蹤。再加上，光是迪士尼樂園的一日護照就要價七千日圓以上，如果是外地的遊客，去一趟迪士尼一個人動輒就要花費好幾萬日圓。因此，要讓顧客輕易下定決心出手並不容易。

「迪士尼的老主顧那麼多，應該不需要擔心這種問題吧？」

「不管是誰，不是都認為去迪士尼很有趣嗎？」

或許各位會這樣想，但現實並非如此簡單。實際上，因為我們沒有公布針對人口數計算出沒來過迪士尼的人數比例，也不曾公開老主顧的來園頻率，因此在此無法提出具體數值。但是，距離首都圈愈遠，不曾來過迪士尼的人數以及去過一次就沒去過第二次的人數確實正在增加。

兩種屬性的顧客

我想許多人已經思考到鎖定目標客群這個步驟，而下一步需要做的是，必須分開思考如何吸引①新顧客（不曾光顧的顧客），以及如何讓②老主顧（曾經光顧過一次的顧客）再次上門。而且，針對老主顧，不僅只是要讓他們再次上門，還得思考如何讓他們以固定的頻率上門光顧、前來園區遊玩。

想當然耳，平均回購次數和來園間隔時間越短，越能提升業績。

第五章的前半部，我將會告訴大家如何吸引沒有來過（買過）的顧客上門，後半部則會以如何讓顧客成為老主顧再次上門為主說明。

兩步驟吸引新顧客上門

初次購買商品或是體驗服務的顧客，就稱為嘗鮮客（或是首購顧客）。如果要增加這類型的顧客，只要像前面章節所說，明確突顯商品所創造出的價值，再確定販售方法和地點即可。其實並非如此困難。

在新聞廣告和電視節目上，經常可以看見化妝品或健康食品以「首次購賣獨享半價優惠！」「兩週嘗鮮價只要九百八十元日圓！」等販售方式做為廣告和宣傳手法。這種販售方式，稱為兩步驟行銷術。光看金額，有許多人會疑惑「這麼做賺得到錢嗎？」，答案正如大家所想的一樣，廣告費一花下去，商品又只要半價或是九百八十元日圓當然就是虧損。

那到底又是為什麼要使用這種販售模式呢？前面有提過「便宜的話，下次不買也沒關係的想法會降低購買障礙」，兩步驟法正是運用了這個道理。

如果想要增加首購人數，增加能夠提升購買慾望的優勢（提升商品力），或是利用價格創造買到賺到的感受。這兩種方法最有效。

最重要的並非以嘗鮮心態購買商品，而是要讓顧客再次上門光顧，再次購買商品，因此，必須事先思考為了達到這個目的該怎麼做。

令人開心的意外錯估

化妝品或健康產品這類可以試用的商品倒是沒問題，但是，如果是像迪士尼樂園的產業，總不能推出「僅限沒來過迪士尼的人，獨享五百日圓體驗遊樂園一小時」的方案，就更不用提從其他地方前來旅遊的遊客。

因此，我想介紹吸引還沒來過遊樂園遊玩的顧客的方法。那就是，在全國各地的購物中心舉辦的活動：「東京迪士尼度假區旅遊展」。既然沒有辦法讓大家從全國各地前來迪士尼樂園遊玩，輕鬆嘗試體驗，那就由我們主動出擊，創造能讓顧客體驗的機會。

我想出這個企劃的契機是，因為週末許多家庭客層會聚集在大型購物中心。為了增加暑假的家庭客源，我們和旅行社合作，透過電視廣告的連動，發放迪士尼的情報誌，以及附贈旅遊優惠傳單的試用品。事實上，那次發放試用品是首次嘗試的企劃，雖然旅行社會發放附旅遊傳單的試用品，卻是第一次和迪士尼的情報誌一同發放。

那時，我親眼目睹了完全不曾想像過的景象。第一個預料之外的景象是，明明只是發放宣傳單而已，人潮卻蜂擁而至，將紙箱內的宣傳單一掃而空。雖然情報誌是以迪士尼的角色作為封面，但本身頁數不多非常單薄，而且還是和旅遊宣傳單一起發放。我們聽說發放試用品的地點，週末平均來店人數為十二萬人（約四萬戶家庭），因此預估這兩天會有八萬戶家庭（團體）來店。一戶家庭（團體）發一本，推估發放率為三成左右，所以總共準備三萬本情報誌。

但是，當我看見搬進倉庫如山一般高的三萬本情報誌，開始擔心是否真的能夠順利發完。然而，第一天接近中午左右，約兩萬本的情報誌就被一掃而光。情急之下，我們只好暫停發放，更改成隔天再繼續。在預估上最大的誤算是，每個人都想要拿一本，光看到情報誌的封面，就往工作人員一湧而上的人群。

第二個預料之外的景象是，向發放試用品的計時人員，詢問迪士尼樂園相關問題的人潮絡繹不絕。我們認為會有顧客詢問園區的夏季活動，因此事前向計時工作人員說明過夏季的特殊活動。然而，卻沒有任何一個人詢問夏季活動，實際上，詢問「小孩子也可以搭乘的遊樂設施」「推薦的玩法」等問題的人幾乎占總人數的一半。

拋出問題的人當中有一半都想去迪士尼玩，卻煩惱著「去了真的會好玩嗎？」。計時工作人員能應對的能力範圍有限，所以包含我在內，公司其他員工也親自上場回答顧客的問題。但是，實際上我們仍然忙得手忙腳亂，如果計時工作人員待在現場，會被顧客抓去問話，因此，除了發放試用品的時間外，還必須請他們回休息室待命。

雖然現在已經是只要上網搜尋，就能取得所有情報資訊的時代，但是，這次的經驗讓我再次深刻感受到，人類的心態果然還是認為親自詢問傾聽更具說服力。

製作吸引猶豫不決的顧客的誘餌

在購物中心傾聽許多顧客提出的問題後，我發覺有很多人還沒到迪士尼樂園玩過，還有因為結婚生子改變生活方式，因而擔心能否玩得盡興的人。發現這些客群其實近在咫尺，對我產生了非常大的影響。

因為，從以前到現在，我對於拓展客源的核心概念，都是從年齡和屬性這類切入點，思考針對包含沒來過樂園的新顧客的策略。但是，我從未只以沒來過樂園的新顧客為對象，也不曾思考過即使曾經來過樂園遊玩，也會因為生活方式改變，心理狀態轉變為和新顧客相同，更不曾想過要吸引這類型的顧客。

藉由這次的契機，為了消除沒來過樂園的顧客，以及距離上次到樂園遊玩已經時隔多日，生活方式大幅改變的顧客的心理屏障，我企劃實施「東京迪士尼度假區旅遊展」，以擴大吸引人潮。

「東京迪士尼度假區旅遊展」的內容是，以家中有沒來過樂園的小學低年級兒童的家庭為核心目標客群，次要目標客群則設定為年輕情侶（小時候曾經和家人一起到樂園遊玩）。

【旅遊展的活動內容】

- 附迪士尼情報誌的試用品
- 在舞台上介紹迪士尼的活動
- 由飯店的業務介紹每家飯店的特色

- 設置展示版，介紹帶著小孩也能享受樂園的玩法（標注遊樂設施的年齡和身高限制）
- 擺放可以讓大家拍照的迪士尼角色背板
- 重複循環播放迪士尼主題樂園的介紹影片
- 播放廣播（部分會場）

雖然這並不是迪士尼角色會親臨現場的特別活動，但是我們想要向有需要的人傳達有意義的情報，並且公開播放廣播和設置拍照場景，也希望能透過廣播與參加旅遊展的人的人脈，協助擴散活動與迪士尼的相關情報。經由舉辦活動，即使是旅遊行程這類高單價商品，當天湧入位在購物中心內的旅行社報名迪士尼旅遊的人潮接踵而至。而且，即使過了一個月，還有人報名會場發放的傳單上刊載的行程。

除此之外，更令人開心的消息是，報名的顧客中有一半左右都是沒來過樂園的顧客，我們算是成功達成目標了。

展示品與試用品的魅力

為什麼光是有展示品和試用品，就能增加報名人潮？這是因為，父母看見孩子看著拍照景點、活動展示版和園區介紹影片露出笑容的樣子，成功引起家長想要帶孩子去玩的心理狀態。但是，如果孩子對迪士尼毫無興趣，結果就會截然不同了。

除了電視上播放的特別節目外，一般人確實不太有機會能好好觀賞樂園的影片。因此，有許多父母親這次才發覺，原來孩子如此喜歡迪士尼樂園。

同樣的，以情侶來看，大多是男朋友那一邊沒來過迪士尼。當男朋友看見女朋友盯著活動宣傳單閃閃發光的雙眼與拍照時洋溢的燦爛笑容，自然也不得不捨命陪君子。像這樣，藉由舉辦活動刺激顧客想嘗試看看的心態，就能一口氣有效突破顧客的心房、消除疑慮。

而對於生活方式改變的顧客來說，除了孩子的笑容外，透過情報誌上刊載的推薦玩法，以及遊樂設施的相關情報，也能打破他們猶豫該不該去的心理屏障。

藉由嘗鮮策略引導顧客簽約

順帶一提，我們下了一點小功夫布置位在購物中心內的旅行社。為了讓顧客一踏進旅行社，便能一目瞭然找到適合自己的方案或宣傳手冊，我們依照不同的目標客群，貼上海報和廣告宣傳物：「推薦給情侶的旅遊」「適合家庭一同出遊」。

我想各位或許曾經有過相同的經驗。不只是購買旅遊商品，有時候走進店裡，就是遲遲找不到想要的商品，或是找很久才發現店裡根本沒有販售。這完全是販售商品這一方的疏失。若想消除購買障礙，絕對不可以讓有購買慾望的顧客到販售地點後卻找不到東西，或是讓顧客發現根本沒有販售這項商品的情況發生。當時，我們將價格已定的商品、宣傳活動和販售地點這三項條件聚集在同一個地方，成功吸引到至今還沒來過迪士尼樂園的顧客的目光。

購物中心的宣傳活動不是成功的唯一功臣，針對沒去過迪士尼的小孩的家庭以及情侶，個別突破出遊的障礙，再透過樂園的真正價值吸引顧客，這兩項條件缺一不可，才能達成拓展客源的目標。

除了旅遊商品以外，還有許多無法嘗試體驗的商品。然而，如果能了解商品的真正價值、選定目標客群，再透過某種形式提供顧客嘗試的機會，降低購買的障礙，應該可以更容易吸引對商品有需求的顧客。

除了在迪士尼工作時舉辦的活動，我為演藝人員粉絲俱樂部設計增加會員的企劃時，也透過免費發放粉絲俱樂部專屬的會員雜誌（其中刊載粉絲俱樂部會員限定的訊息和情報），藉此觸動粉絲的心理，達到吸引新粉絲入會的目的。

不曾針對顧客嘗鮮心態執行策略，或是不曾採取相關策略的人，千萬務必要嘗試看看。不過在執行之前，有件事想請各位注意：必須事先思考顧客嘗鮮之後的應對策略。對顧客來說，嘗鮮過後能獲得滿足感或許是好事，但是買賣將無法成立。所以，請大家認真思考讓顧客體驗過後，希望他們採取什麼樣的行動。

此外，如果想讓嘗鮮過的顧客回購，那就不可過度推銷。即使是對商品感到滿意的顧客，也會因為強迫推銷的銷售方式，降低購買慾望。那麼你至今為止所做的一切努力，將全數化為泡影。

商品或服務夠獨特，嘗鮮的行銷手法會更有用。如果你為了讓顧客首次購買而陷入苦戰，或是想要增加首次購買的顧客人數，請試著活用本節提及的方法。

WORK

思考嘗鮮策略

①有哪個目標客群可能因為嘗試過商品或服務之後會展開行動購買呢？

②能透過什麼樣的方法提供顧客嘗鮮的機會呢？

③你能想到什麼樣的策略，讓顧客從嘗鮮直接連結到購買呢？

和顧客約定再來光顧的方法

接續嘗鮮策略，接著我將說明怎麼做才能讓顧客成為回頭客。雖然其他以迪士尼為主題的相關書籍，也討論了許多讓顧客回購的訣竅，但答案千篇一律，例如園區舉辦的活動，或是定期導入遊樂設施等等，多半著墨在軟體方面下功夫「不讓顧客失去新鮮感」。

因此，這本書不會從樂園的角度切入，反而會向大家介紹透過行銷的觀點所看見的回購祕訣。商業買賣的領域中，最重要的是如何和顧客建立持續的關係。即使再有魅力的商品，如果沒有事先思考讓顧客回購的方法，只是做販售，等同於私藏寶藏、暴殄天物。甚至可能錯失藉由這項商品提高獲利的機會。我相信，大部分的人都想要創造回頭客。那麼，針對以下的問題，你會如何回答呢？

問：針對不同客群，你希望他們多常回購呢？

能夠馬上明確回答問題的人，應該不需要下太多工夫，就能讓目標客群成為回頭客。反之，若是無法給出答案，或是答案不夠明確的人，請再次重新思考想要讓哪個客群的顧客成為回頭客。「不管是誰都好，只要有人喜歡我的商品，願意再花錢購買就好」的思考方式，並無法創造出有計畫性的回購策略。

事前和顧客約定會再光顧的「護照戰略」

迪士尼樂園的遊客可以分為居住在首都圈以及居住在外地兩種，這兩個客群到訪樂園的頻率理所當然差距非常大；可想而知，讓他們再次光顧的方法也必定截然不同。此外，居住在外地的遊客要來迪士尼遊玩，都得規劃一趟旅行才有辦法成行，因此每年都來光顧的人數也更為稀少。還有，大多數的顧客可能因為距離上次到樂園遊玩已經隔了一段時間，或是生活方式轉變，所以心態已經和新遊客沒什麼兩樣了。

該怎麼做，才能讓他們再次來迪士尼樂園光顧呢？以一般思考方式來看，大多數的人會認為，不論是服務或商品，只要透過購買或是體驗帶給顧客滿足和感動，接著就會自然引導顧客回購。

不過，其實迪士尼樂園早在顧客到訪園區遊玩之前，就已經布下天羅地網讓他們一定得再來光顧一次。簡單來說，就是在還沒購買、也還沒體驗之前，就已經和我們約定好要再來光顧。而且，這種事真的存在。雖然並非所有人都適用這個方法，但是讓顧客掉入這個已經布置好的「局」的機率極高。那就是「護照策略」。

迪士尼樂園讓顧客再次上門的基本策略是提供「兩日護照」、「三日護照」等「多日護照」，以及「全年護照」和「傍晚六點後護照」這幾種入園票券。每一種護照的功用各有微妙的不同，購買兩日護照的人，隔天就會再來園區遊玩。傍晚六點後護照不僅可以當作當日來回遊客的嘗鮮商品，同時也是讓大家可以輕鬆再來樂園遊玩的好幫手。全年護照如同字面含義，是為忠實顧客所設計的護照。

看到這裡，是不是有很多人恍然大悟了呢？即使針對從外地前來的顧客，設計企劃讓他們隔一段時間再來樂園遊玩，然而時間一久，顧客的狀況也可能產生巨大的變化。既然如此，讓他們隔天馬上再次光顧正是最萬無一失的做法。

回頭客這個單詞給人定期光顧、回購的印象非常強烈，但是我們可以自己定義。迪士尼甚至沒有讓顧客意識到自己已經成為回頭客，就成功讓他們再次到樂園遊玩。

回頭客能獲得哪些好處？

這個方法不僅只能用在主題樂園這個產業。也可以用在美容中心的課程券，或是健康食品的定期回購機制等。最近買車時，廠商還會提供值回票價的維修方案，只要一次繳清費用，定期車檢時即可不必支付更換汽油的費用和零件費。這也是還未接受服務前，就和顧客約定好成為三年回頭客的行銷模式。

完全不同業種的牙科醫院也有採用相同方法的案例。除了發放手冊宣導每三個月定期檢查的重要性，在診療結束後還會主動協助病患預約三個月後的定期檢查，藉此讓病患再次上門。雖然我們以為商品或服務品質好壞是回購、再次光顧的最大影響因素，但是，實際上有許多案例是在購買前就布下了天羅地網。

你的服務或是商品是否已經建立好機制，讓顧客在不知不覺中再次上門光顧呢？最重要的一點是，希望各位不要忘記，無論是什麼樣的策略，一定要站在顧客的角度思考，讓他們一眼望去就能明確看見好處和優點。例如，健康食品和美容中心可以宣導，如果沒有連續使用或光顧就無法看見功效；每次到不同的店家或是加油站換汽油的費用更高，而且定期車檢時就能同時更換汽油，非常節省時間；牙醫診所也同樣可以推廣，定期檢查可以降低蛀牙的風險。正因為好處和優點清晰可見，才能引導回購和再次上門光顧的行為。

讓顧客在購物後成為老主顧的方法

各位現在應該已經能夠理解，在購買前建立回購機制的重要性，但是，並非所有人都會接受這種行銷方法。因此，我們也必須思考，如何讓顧客在購買商品後再次上門光顧。

所以，首先必須確定要讓誰成為第一個回頭客，而且這個步驟在這裡非常重要。一邊思考「這位顧客上次來樂園遊玩是什麼時候呢？」「上次是什麼時候購買商品呢？」一邊確定目標客群之後，再想像如何破除讓對方再次上門光顧的購買障礙。

以新婚夫妻為例，下次帶著小孩一同前來的可能性極高。因此，他們會築起一道心房，擔心不知道下次帶著孩子來好不好玩。面對這種狀況，我們會在海報和宣傳單上寫下醒目的文案：「不管是隔一段時間沒來的顧客，或是之前來過但生活方式改變的顧客，都能放心享受！」再加上我們還會推薦顧客帶著小孩有哪些玩法，同時在店內設置文宣，標明遊樂設施的身高與年齡限制等資訊。因此光是發放傳單，就能吸引到許多目標客群報名。

我們一樣把迪士尼旅遊手冊作為商品，也沒有特地設定目標客群，只是單純為了增加不同客群，額外製作海報與宣傳單致力於消除顧客購買障礙，於是就此增加了許多新顧客。所以，就算沒有大規模特地製作商品和企劃，只要商品在本質上沒有負面因子，就能提高顧客回購的可能性。

請各位試著分析自家公司，並思考該如何讓顧客再次光臨。只要具體思考要讓誰、在哪一個時間點產生回購行為，就能意外輕鬆的發現做法。

誘導顧客回顧時絕對不可以做的事

拓展回頭客源時，有一件事絕對不可以做！那就是，一邊唸著「有商品要賣，那就不可以不宣傳啊」「雖然知道這項商品不太可能成功，但是既然決定要賣了，我們也只能……」一邊進行宣傳。出乎我的意料之外，這種案例其實不少，但是，沒有什麼行為比這個更危險了。希望各位千萬不要忘記，只要被顧客認定是不好的公司或是店家，就難以再次翻身。

我以前的客戶中，有家公司因為製造工廠的失誤，商品混入異物。公司最初判定是「部分影響」所以沒有向大眾公開。但是，實際上異物可能混入所有商品之中，最終不得不告知所有顧客。想當然耳，他們遭到大批顧客指責沒有在第一時間處理，導致公司瞬間失去長年累積至今的老顧客。事過境遷已經將近十年，這家公司的業績至今仍未回復到當年的水準。

另外一個案例是，某家公司主打商品的業績原本呈現穩定成長，但是就因為開發部門製作了一項全新商品，公司明知道新商品不符合顧客需求，卻強迫推銷，讓購買主打商品的顧客購買新商品，於是主打商品的業績逐漸節節敗退。

像這樣因為販售不符合顧客需求的商品，造成主打商品乏人問津的案例並不少見。反之，更常發生的狀況是：某項商品太過優秀，讓顧客產生品牌轉換行為，將所有其他關聯商品一併更換品牌。關鍵在於，向有需求的人提供對方所需要的價值，商業買賣才能成立，進而才可再追求顧客回購。

WORK

增加老主顧

①你希望哪個目標客群產生回購行為？

②請試著分析阻礙這個客群購買的要因。

③具體來說，你認為什麼樣的策略能夠產生成果呢？

第六章

拓展客源七大步驟

首先要執行的四個步驟

目前為止，雖然已經重複論述理解事業的目的、商品和服務的價值的重要性，但不能只是透過顧客的觀點思考。為了增加客源，我們必須更有系統的思考問題。所以，必須執行的項目依序總共有七項。

①【business objective】目的

②【WHO】對象是誰？

③【WHAT】商品是什麼？

④【WHO】和誰一起？

⑤【WHERE】地點在哪裡？

⑥【WHEN】什麼時候？

⑦【HOW】怎麼做？

①～③在前面的章節已經討論過，以下簡單複習帶過。首先，必須思考的是【business objective＝目的】。許多人會將目的與目標混為一談，不過，最初必須思考的是目的。如同第二章所說，只要將商品或服務的存在價值想成最接近目的的事物即可。迪士尼的價值是提供人們幸福，換句話說，提供「夢想」、「感動」、「喜悅」和「撫慰」就是迪士尼的目的。

舉個更容易理解又貼近生活的例子：A為了健康與獲得異性的青睞，決定要變苗條，所以開始上健身房運動，「健康與獲得異性青睞」就是他的目的。

換句話說，拓展客源的時候最先必須思考是為了什麼要增加客源，又是為了什麼而販售商品。如果已經明確理解商品和服務的價值，或許會對這一點更有感觸。

第二項必須思考的是【WHO＝對象是誰？】。簡單來說，就是要確定目標客群。在第三章我提過幾個案例說明，如果目標客群不明確，往後的行動將完全偏離核心價值。

第三項則是【WHAT＝商品是什麼？】，這在第四章也介紹過。即使是同樣的商品或服務，只要目標客群改變，顧客訴求的價值也會發生變化。因此，商品與服務的內容以及推銷方式也需要改變，以打造出更吻合顧客需求的商品。

然而，只靠這三項並不能成功創造人潮。接下來，我在這一章將詳細介紹剩下的四項重點。

打造成功團隊的祕訣

第四項的【WHO】不同於第二項探討要將誰作為目標客群的【WHO】，這裡所指的是「和誰一起合力完成工作」。

我在本書介紹過的幾個成功案例和重點，每一項都不是我獨自一個人完成。無論是公司內部或外部的人，如果相關工作人員無法在適切的地點、付出相應的努力、朝向共同的目的邁進，即使是再完美無缺的計畫或策略，也沒辦法成功。也就是說，團隊合作非常重要。

華特．迪士尼曾經說過：「我能獲得成功，最重要的原因是，和一起工作的大家齊心協力往相同的目標前進。」即使華特．迪士尼擁有如此頂尖的創意思維和驅策力，但能讓他如此成功的主要原因，其實是完美的團隊合作。我離開迪士尼以後，雖然有幸能和許多不同公司的人一起工作，但是，我卻發現沒有一間公司和迪士尼一樣，無論對公司內部或外部的人，都能如此珍惜愛護。

從本質上來看，人類這種生物並不會單純因為使命感而行動。不論對商品或服務有多驕傲，光靠著為顧客著想的心意工作，很容易彈性疲乏。但是，這時如果身邊有夥伴，結果將完全不同。許多時候，我們是因為有一起工作的夥伴，才能跨越重重難關。

那麼，該如何打造一支優秀的團隊呢？在迪士尼的世界裡，最常見的方法是：從想像目的地開始打造團隊。光是想像終點的景色，就能讓人產生巨大的改變。這個方法聽起來非常單純容易，但其中其實蘊含著很深奧的道理。

首先，請先確認團隊所追求的目的地。如果團隊成員都是同公司的人，比較能簡單對目的地的想像達成共識；但是，當團隊中有公司外部人員時，這個步驟是否扎實執行，將對成果造成劇烈的影響。

舉例來說，我想要吸引更多居住在外地的遊客到迪士尼樂園遊玩，就必須和許多人合作，其中包含想要販售旅行商品的旅行社負責人，以及想要讓更多人選擇自家飯店的飯店負責人。照理來說，增加到迪士尼樂園遊玩的人潮是我們的共同目的，但是每個人各自的目的地卻有著微妙的差異。

每個人各自朝著不同的目的地前進，就無法達成團隊合作。在這種狀況下，顧客造訪迪士尼樂園的體驗價值，其實才是我們的共同想抵達的目的地。為此，更加必須站在顧客的立場思考（雖然這一點已經提過很多次）。站在顧客的角度，思考他們希望透過樂園獲得什麼，才是大家想抵達的共同目的地。

看見目的地之後，接著就是看向團隊成員。目前成員不足也無傷大雅，只要將缺少的部分也一併納入考量，思考為了達到目的地，需要哪些成員。

「選定成員就像安排電影片尾的工作人員名單，如果想讓電影迎來皆大歡喜的結局，那就只要思考除了自己以外，還想讓誰參與演出。」

曾經也有人教導過我，因為已經預先看到目的地，所以每位成員擔負的責任也會變得明確清晰。換句話說，團隊現階段應有的樣貌會浮現，每個人的責任也會被「可視化」。到此為止，團隊的雛形框架大致已經定型，如果每位成員能互相分享彼此的狀況，並徹底執行被分配到的職責，就能讓團隊合作產生如虎添翼的效果。

會說如虎添翼是因為，團隊前進時，成員能夠理解彼此的狀況，即使作業速度延遲、出現失誤，或是某位成員無法完成等，其他成員都能從旁給予協助。如果成員的目的地各不相同，自然會對他人的工作狀況漠不關心；但是，如果彼此分享各自的狀況，就能注意到團隊中，有哪些任務尚未完成。

每個人都認為「這件事只有我能做到」的團隊

在此，我想為大家介紹我打造出來的團隊：成員是旅行社的主要店面推派出的一名代表，以及相關飯店的負責人，團隊任務是提高「迪士尼主題樂園之旅」的價值。當時，我們的目的地是：讓去迪士尼主題樂園遊玩的遊客獲得幸福。

雖然我們是為了拓展客源才組成團隊，但是旅行社販售商品的負責人以及提供住宿的飯店負責人也是團隊成員，所以我們不只希望顧客能在樂園玩得開心，還希望他們從踏入旅行社的店面到遊玩回家為止，都能感受到滿滿的幸福。即使在拓展客源方面沒有馬上出現成果，每一位團隊成員都能站在各自的立場互相協助，為顧客創造幸福。因此，顧客才能感受到在樂園內體驗不到的感動，進而也能促成讓顧客再次上門光顧的機會。

雖然我們是團隊，但每個月只聚集開會一次。由於主題廣泛，所以我們在各自的責任分配以及彼此處理過的狀況案例分享上有所不足，也為此費了不少工夫。有一天，我聽見某家店的女性職員說了下列的案例。

顧客好像是一對年約五十多歲的夫妻。他們手中握著好幾本迪士尼的手冊走向櫃檯，有些害臊的向店員提問：「我們想要去迪士尼玩，但是兩個人都是第一次去……我們也不太清楚應該預約哪間飯店才好……。」負責的女性工作人員因為最近才剛去過迪士尼樂園旅遊，所以，她除了向兩人推薦飯店外，甚至還分享了園區的遊玩方式。因此，這兩位顧客當場就決定報名迪士尼的旅遊行程。

兩人準備離開時，夫人向她道謝，並告訴她：「其實，我的丈夫正在進行癌症治療。

我們說好要一起去迪士尼玩，但到了這個歲數都還沒去過。如果癌細胞繼續擴散，我們就無法實現彼此的夢想了，所以才會毅然決然決定馬上出發。很謝謝你今天這麼詳細的為我們解說，能下定決心真的太好了。」

這名女性工作人員聽完這番話，開始思考自己能做些什麼事情。她幫這對夫妻預約了來回都能看見富士山的新幹線座位；她還聯絡住宿飯店的負責人告訴對方這件事，所以原本規定不可指定房型，卻特別通融為他們保留能看見迪士尼樂園的房間；最後，她親筆寫下一封信，安排寄到飯店的房間內。

之後，過了三個月左右，她收到夫人的來信。信上寫滿對她的感謝，還說他們兩個在迪士尼玩得非常開心，坐新幹線時看見的富士山美麗動人，回飯店後還在陽台欣賞了東京迪士尼樂園的夜景。然而，信上也提及丈夫已經過世的消息。

當時，這位工作人員發現，原來在旅行社的店面擔任服務人員，也能為顧客帶來幸福。我聽見她說「原來有只有我才能做到的事情」，因此非常慶幸自己打造了這支團隊，至今我還記得當時那份喜悅。之後，我和團隊開會時，迫不及待和成員分享了這件事，因為這件事，團隊的共同目的變得更加明確，也更能感受到我們是個團隊。

目標變明確後，人就會展開行動。這是我在那瞬間體悟到的道理。

WORK

想像能讓商品和服務壯大的團隊

①你的團隊目的地是什麼呢？（現在沒有團隊也沒關係，可以為未來制定計畫。）

②這支團隊需要什麼樣的成員？請分別寫出各成員的責任範圍。

③該怎麼做才能讓團隊彼此共享情報，互相協助合作呢？

步驟⑤攻略販售地點

第五項必須執行的重點是【WHERE】，也就是「在哪裡吸引人潮？」「在哪裡販售商品？」。

有些人只在自家店面販售商品或是提供服務，也有些人是將自家的商品賣給批發商。不管是什麼樣的販售形式，顧客都必須到販售通路、選中自家的商品，買賣才得以成立。如果是透過網路販售商品的公司，販售地點則是在網路上，基本和其他通路並無不同。

這些販售形式的共通點是，現在的時代只要透過網路搜尋，就能得知販售地點和購買方法，這點非常重要。即使商品無法透過網路購買，也會出現相關情報，除非業者進行封鎖資訊的策略，否則不可能在網路上找不到一丁點消息。最不能犯下的錯誤是，當顧客想要購買某樣商品而上網搜尋時，卻發現「哪裡都沒有賣」。

雖然也有公司企業刻意調整商品流通量或販售量，營造出缺貨的狀況，但是，盡量不要採用這個手法才是上上之策。原則上，如果顧客對商品有慾望，就得讓他拿到手。

不在目標客群聚集的地方販售商品就是失敗

思考販售地點時，最重要的一點是目標客群的所在位置。即使你的商品種類又多又齊全，如果放在顧客不會去的地點，想當然耳業績也不會提升多少。反之，如果不在目標客群會去的地點放置自家的商品，可說是連做商業買賣的資格都沒有。販售的地點就是這麼重要。首先，必須思考的是，明確公布能讓目標客群輕鬆拿到商品的通路。以迪士尼樂園為例，如果要吸引外地顧客，網路和旅行社就是重要的販售管道。

但是，旅行社也有各式各樣不同的類型。舉例來說，如果想吸引大學生客群，比起大型車站附近的旅行社，大學生活協同組織的旅遊資訊區，或是離學校最近的車站附近的旅行社，更具壓倒性優勢。而對有小孩的家庭客群來說，大型購物中心內的旅行社更具親和力。此外，除了在旅行社準備大量手冊之外，關鍵在於，在眾多旅遊手冊中，如何讓迪士尼旅遊的宣傳手冊脫穎而出，一眼望去就抓住目標客群的目光。

旅行社也要做生意，所以他們會試圖讓最賺錢、或是最有可能吸引人潮的商品看起來更加醒目。其他行業應該也是如此，先撇開商品優劣不談，消費者需求高低雖然也會影響販售方擺放商品的位置，但是否要讓商品醒目顯眼，完全取決於販售方的決定。這個道理不僅局限於旅行商品，每家公司會用盡千方百計，只為了讓自家商品更加顯眼奪目。

簡單來說，就必須攻陷店家不可。雖然迪士尼有絕對優勢，但如果不採取任何行動，自家商品就不會成為最醒目的商品。具體來說，要做些什麼才能攻略賣場呢？那就是「透過賣點吸引對方」和「強化與販售方的關係」。

打造商品的「賣點」

旅行社也是做商業買賣賺錢，當然會想要販售能夠熱賣、會賺錢的商品。那麼，該如何讓他們認定商品會賺錢、會熱銷呢？那就是能讓對方堅定相信「這個會賺錢」的說服力。簡單來說，關鍵就在於自家商品與其他家商品就是如此不同的說服力。

舉一個最簡單易懂的例子，也就是要具備誘因。例如，協助販售商品就支付比平常更高額手續費的企劃；或是進行夾報廣告等特殊宣傳，也能有效為店面提升業績、增加客源。

如果能透過如此單純的策略說服對方就再好不過了，但是事情並沒有那麼簡單。如果已經安排要在電視上播放廣告、有雜誌的介紹特集或是新聞廣告刊載等，一定要讓店面的高層知道，並確實告知對方這些能夠增加顧客的資訊。

但是，公司並不是每一次都有足夠的預算打廣告。面對這種狀況，首先最重要的是要引起對方的共鳴，例如向對方介紹顧客體驗後的真實感想，或是商品的實際銷售成績等。此外，如果想讓自家商品在店面內看起來醒目顯眼，可以提供廣告宣傳物等宣傳工具提高效果。像這樣讓販售地點的人感覺到「主打這項商品好像可以提升業績」的印象非常重要。

這個道理同樣能夠套用在自家公司的店面。例如美髮院和美容中心，從拓展客源到販售都在同一間店面完成，因此也必須試圖吸引目標客群，所以要是有能夠提升業績的商品，就必須將它「升等」變得引人注目。

想當然耳，要是員工被問到和商品或服務相關的問題時，絕對不可以有回答不出來的狀況發生。顧客親自蒞臨，正是對商品抱持著強烈情感的證據，但是卻遭到店家背叛，不僅無法讓他們掏錢購買，顧客甚至可能再也不上門光顧。

網路銷售的道理也一樣。必須事前進行檢查，避免出現導致購買慾望下降的狀況，像是：找不到賣方主打的宣傳商品；完成購買前需要經過多道手續，程序繁瑣麻煩；需要確認的步驟繁多或是相同的資訊得不斷重複輸入。

調整心態，注意「人」的情感

此外，還有一個方法能夠有效攻略幫忙販售商品的通路：醞釀情感。在店面販售商品的是人，即使以網路為販售平台，架設網站的也是人，雖然人一直存在於商品四周，但想要將商品賣給某個人，未必只是為了賺錢而已。人一定會產生情感，因此，必須思考如何讓對方產生「我想要賣這個商品」的想法。在迪士尼，為了讓對方醞釀情感，我們會執行全公司的企劃，以強化和旅行社之間的情感，在與此企劃連動的各個地區也會執行個別的企劃。

首先，我們實施的全公司企劃叫做「Fam Trip」，簡單來說就是大規模的迪士尼主題樂園考察團。我們會在同一天邀請全國旅行社店面的銷售人員，參加即將在園區舉辦的活動，或是在公開樂園預計執行的全新計畫後，招待他們到迪士尼樂園進行體驗。

不過，想要邀請所有旅行社所有店面的銷售人員參加是不可能的任務，但是，為了盡量讓更多人參與，我們和航空公司、JR鐵道公司、各旅行社的總公司與合作飯店等攜手協辦活動，讓全國的旅行社人員能不花一毛錢體驗迪士尼主題樂園企劃的活動。

雖然參與者都對活動非常滿意，但是，其實比起參加更重要的是之後的行動。所以我們會打鐵趁熱，馬上依照地區推廣新企劃。舉例來說，舉辦各店舖的迪士尼宣傳活動競賽，並且由參加活動的員工作為隊長。參與者實際走訪過迪士尼，所以必須趁著對方對迪士尼抱持高度好感的時候，讓他們以實際體驗過迪士尼的遊客身分，思考店面的宣傳活動。我們會根據競賽內容提供獎品，所以不僅可以讓他們產生期待，還能驅策他們認真規劃活動。

老實說，這只是一場競賽，所以並未強制所有人參加，但是，有參加 Fam Trip 的店家，幾乎一〇〇%都會參與競賽。所以，我相信各位已經理解到，體驗型的企劃能在強化關係上發揮多大功效。

因為想為迪士尼樂園盡量增加顧客，或是對迪士尼多了一份感情，這樣的心情能讓我們與店面之間的關係變得更加密切。最重要的一點是，盡可能讓更多相關人員抱持著「我想要販售這個商品」的慾望。

請各位讀者可以再次嘗試思考看看，如何讓販售商品的地點發揮更大的功效。

WORK

攻略販售地點

①你最希望顧客聚集到哪一個販售地點呢？

②該怎麼做，才能向顧客傳達自家的商品與服務比其他競爭對手更有魅力呢？

③在你最想聚集人潮的地點，面對這些工作人員時，如果想驅動他們的情感，可以採取什麼樣的行動呢？

步驟⑥確立販售商品的時機

第六項必須思考的是【WHEN】，也就是「想要在什麼時候拓展客源？」即使喊著要拓展客源、吸引人潮，但是如果不確切思考想要在什麼時間點做這件事，就永遠無法展開行動。如果選擇在商品開發單位製作新商品後開始販售，或是業績下降了再開始強調銷售等，只會落得客源和業績兩頭空的下場。

到目前為止，不論是目標客群、販售地點與販售方法等都已經定案，因此，接下來最重要的就是確定「想要在什麼時候拓展客源？」假設想要利用一年的期間吸引顧客，就必須思考對應的做法。也就是說，只有在「什麼時候拓展客源／販售」「在哪裡」「向誰」「販售什麼」都拍板定案之後，「該怎麼實現」的齒輪才會開始轉動。

不可以太早，也不可以太晚

迪士尼樂園的最後一道防線，就是透過季節性的活動吸引人潮，因此，在什麼時間點、吸引什麼樣的顧客顯得更重要。以十一月上旬到十二月底聖誕節的拓展客源策略為例，如果是針對當日來回的首都圈遊客，太早公布消息會和前一個檔期的萬聖節活動撞在一起。但是如果太晚公布消息，就會趕不上聖誕節檔期的最佳時機，因此思考拓展客源的時間與方法非常重要。

如果以外地的遊客為目標就更具挑戰性，太早公布消息同樣會衝擊到前一個檔期的活動，引發競食效應。相反的，要是太晚公布資訊，可能會讓顧客來不及規劃旅遊。

接下來，我想介紹一個真實發生的案例。當時，我正在思考應該在活動檔期開始的多久前、執行什麼樣的策略才最能發揮效果。偶然間，卻親眼目睹事情發生的經過。事發地點我之前介紹過，就是在購物中心舉辦的「東京迪士尼度假區旅遊展」的會場。有個孩子看了會場螢幕播放的聖誕節活動影片後，懇切的對母親說：「媽媽，我想要去迪士尼樂園。」

接著，母親回答他：「不管是爸爸還是媽媽都很認真在工作，但是去東京玩可是要花很多錢的喔。雖然今年沒辦法帶你去，但是媽媽跟你約定，明年一定會帶你去，所以今年就在這裡好好看電視裡漂亮的表演忍耐一下喔。」

這句話讓我的內心澎湃不已，也將我煩悶躁動的情緒一掃而空。雖然，想要吸引顧客就必須思考應該在什麼時候開始行動，接著還得思考在哪個時間點宣傳最有效果。但是，如果一般的活動主題和價值就能吸引顧客，即使沒有在今年吸引到顧客，也不會白費工夫。

換句話說，我所領悟到的是：只要想成是事先吸引未來的顧客即可。只要每個季節活動都能具備吸引顧客的魅力，透過持續舉辦富有迪士尼風格的企劃，就能確實為明年、甚至以後的客源設下一道保護防線。其實，確實鎖定目標客群，並且在顧客心中種下對迪士尼的想像種子的過程中，我們一路走來看見，許多遊客都是因為前一年的宣傳活動才慕名到樂園遊玩。

拓展客源的方法有百百種，首先，必須先制定明確的目標，設定要在什麼時間點，進行多大規模的活動。這不能只停留在期望的階段，而是必須有具體的計畫。

WORK

確定想要進行拓展客源活動的時間點

①你想要在什麼時候進行拓展客源的活動？為了達成目標，要從什麼時候開始準備？

②你認為具體來說，從什麼時候開始著手效果最好？

③原因又是什麼呢？

步驟⑦實際規劃行動策略

七個步驟當中，最後一項必須思考的是【HOW】「如何吸引顧客？」。換句話說，就是拓展客源的「手段」。以下列舉幾個比較簡單易懂的案例。

案例①　平日運動不足的A，為了增加運動量，決定每天早上提早一站下車，把走一站的距離當作運動

為了「增加運動量」這個目的，採取「提早一站下車走路運動」作為方法，正是所謂的【HOW】。

案例②　B以前搭電車時，都是看報紙殺時間，但是現在為了減少加班的狀況，增加與家人和孩子相處的時間，開始利用上下班通勤時間寫報告

為了「增加和孩子及家人間的相處時間」這個目的，採用「利用來回的通勤時間寫報告」作為方法，正是所謂的【HOW】。

本章七個步驟的關鍵是，不可以瞬間跳到【HOW】思考方法，而是必須依照書中介紹的方式，從「目的」開始依序思考五項重點（對象是誰、商品是什麼、和誰一起、地點在哪裡、什麼時候），才可以思考要採取什麼方法。

大家最常犯的錯誤是，問題出現後就急著想要馬上跳到思考方法的步驟。就像第二章介紹的健康食品定期回購案例中，有家公司為了增加轉換率，打出「首次免費」的宣傳口號，卻用小小的字體標注「僅限使用定期回購方案的消費者」。這個活生生的例子就是出現問題後急著找方法，最終導致失敗收場的負面教材。

問題出現時，更應該回歸原點，確立目的後再一步一步思考。另外，所謂的方法，並不只有一種，理所當然有好幾條路可以解決問題。

根據七步驟架構思考戰略和戰術

很多人應該都聽過行銷用語「戰略和戰術」。不用把「戰略和戰術」想得太困難，事實上，前幾個章節釐清的六項重點，正是達成目標的戰略。我剛才提到為了達成目的而採取的方法【HOW】，就是戰術。我舉一個和商業買賣無關的例子。

假設有一位四十五歲的男性上班族接受健康檢查後，被診斷出罹患代謝症候群。他的老婆和他同年，他們有兩個上小學的孩子。如果他病倒了，不僅無法讓孩子好好長大成人，也會造成老婆的負擔。

因此，為了降低引發生活習慣病的風險，擺脫代謝症候群，最好的策略就是從明天開始節食減重。他的老婆也從旁給予協助，透過飲食限制減少熱量攝取，改變飲食習慣以海帶和蔬菜為主。除了家中的飲食外，老婆中午也為丈夫準備便當。老公則是除非萬不得已非得外食，否則都會盡量攝取低卡路里的食物。我們把這個案例放入七步驟的架構後，就像這樣……

①【business objective】目的

逃離代謝症候群，避免生病的風險，負起責任讓孩子長大成人。

②【WHO】對象是誰？（目標對象）

自己。

③【WHAT】做什麼？

降低體重（節食減重）。

④【WHO】和誰一起做？

取得老婆的協助。

⑤【WHERE】地點在哪裡？

除了在家，在公司也執行。

⑥【WHEN】什麼時候？

從明天開始。

⑦【HOW】怎麼做？

飲食以攝取海帶和蔬菜為主。

如果把這個案例套入目的、戰略和戰術檢視後就像這樣……

【目的】

逃離代謝症候群，免除生病的風險，負起責任讓孩子長大成人。

【戰略】

老婆給予協助，幫忙降低體重。

【戰術】

飲食以攝取海帶和蔬菜為主。

像這樣，即使是商業買賣，也能從目的開始依序根據七步驟的架構思考，設定更具體、明確的計畫。此外，透過提出共同目的、互相共享相關資訊，可以更輕易驅策相關人員展開行動，也能更容易做出成果。

WORK

請試著寫下現在最想執行的拓展客源企劃的基本架構。

①【business objective】目的
②【WHO】對象是誰？（目標對象）
③【WHAT】做什麼？
④【WHO】和誰一起做？
⑤【WHERE】地點在哪裡？
⑥【WHEN】什麼時候？
⑦【HOW】怎麼做？

第七章

培育能夠拓展客源的人才

事先把顧客未來的需求化為故事

本書已經來到第七章，但目前還沒討論商品的滿意度。這是因為，本書是以迪士尼樂園作為基礎案例，迪士尼樂園是只要做好拓展客源，就能滿足大部分消費者的商品。

然而，萬一商品不能夠滿足大眾，無論如何思考、執行什麼樣的策略，都沒有任何意義。不過，也不可能做到讓所有顧客都一〇〇%滿意，顧客當中也會有人被惹惱或是說出嚴厲苛刻的評語。而迪士尼的厲害之處在於，即使是曾經對迪士尼感到不滿的顧客，我們也能透過顧客應對安撫對方、收服對方，讓他成為迪士尼的粉絲。

如果要論述拓展客源還是透過商品或服務滿足顧客哪一項重要，的確讓人難以取捨。但是，唯一可以確定的是，如果商品或服務有一絲可能性無法滿足顧客，拓展客源的活動將喪失意義。就算方法再高超，耗費再高額的宣傳費用，無法讓顧客找出商品和服務的價值，將沒有任何意義。那麼，該怎麼做才能像迪士尼一般，確實創造極高的滿意度呢？

閱讀本書的各位所販售的商品或是提供的服務都不相同，如果要提高每樣商品和服務的滿意度，又該怎麼做呢？

華特・迪士尼曾經說過以下這段話。

「工作不是為了自己。而是了解每個人所追求的東西，為了他們而工作。」

「創作具有魅力的故事，這比什麼事情都來得重要。如此一來，其他所有的事情自然都能圓滿。」

這些話裡蘊含兩個重點：一、思考顧客真正追求的東西是什麼；二、描繪顧客追求這項東西後所誕生的未來的故事。我相信，各位的商品或服務是許多人所追求的事物。若要讓顧客更加滿意，必須試著思考顧客選擇這項商品或服務後，未來會誕生什麼樣的故事。透過這個方法，即可提高商品的滿意度。

華特．迪士尼描繪的未來藍圖

華特．迪士尼能讓迪士尼樂園獲得成功，「故事」是背後的一大推手。他想要打造迪士尼樂園的契機是想要一座能帶著孩子遊玩的遊樂園。

華特．迪士尼經常帶著兩個女兒去遊樂園遊玩。某天，他看著女兒坐在旋轉木馬上開心的樣子，想到自己只能坐在長椅上吃花生，他開始疑惑，為什麼沒有一個地方可以親子一同快樂遊玩呢？他相信這麼想的人一定不止自己一個，所以開始思考著要打造一個世界上唯一僅有的地方，讓更多家庭能夠親子同樂，每個人都笑容滿面。這正是迪士尼樂園的故事藍圖。

打造迪士尼樂園的過程中，耗費最多心力和心思的就是人才培育。花費十五年歲月，當迪士尼樂園即將完工之際，幹部開始招募具有遊樂園工作經驗的人才作為員工，但是，華特．迪士尼對他們的做法說了這番話：「這裡不是遊樂園，這裡是迪士尼樂園，由我們自己負責營運。最重要的是富有熱情、對學習有熱忱、專心致志的人才。即使犯錯也沒關係，只要能將錯誤化作糧食，思考迪士尼樂園全新的營運方法就可以了。」

他還說：「雖然我們可以企劃、創造以及建造世界上最棒的場所，但是想要實現夢想，人類是不可或缺的。」迪士尼以這個理念為基礎，在人才錄取上慎重再慎重，支付比其他娛樂設施更高額的薪資，就是為了讓每一位員工理解迪士尼樂園的哲學和思想後再展開行動，並積極執行演職人員的教育訓練。

簡單來說，認真看待顧客、思考如何打造出能創造故事的人才，在提高商品滿意度的環節中占據了最重要的位置。創造出讓人不斷回購的商品或服務，但是卻不培養優秀的人才，實在過於膚淺，即使擁有多高超的技術，也不過是曇花一現。

因此，在這一章我想要和各位討論的是，如果想提高商品的根本價值，不可忽視的是選擇擁有什麼樣思考方式的人才，以及該如何培育出這類人才。

優秀人才的共同特徵

首先，我想從啟發我找出優秀人才共同條件的迪士尼電影開始談起。二〇一六年夏天，《海底總動員2：多莉去哪兒》正式上映。沒錯，這正是造成全球轟動的《海底總動員》續集。

多莉教我的「優秀人才」必備條件

二〇一三年上映的《海底總動員》創下九億美元的票房收入，直到七年後《玩具總動員3》上映為止，沒有任何一部皮克斯的長篇動畫打破這項紀錄。這部電影的主角多莉有句台詞讓我留下深刻的印象。

「活到現在，我都是照著直覺，坦率的選擇我認為有趣的事情。」

「至今為止，我從來沒有做過任何計畫。走失離開父母不是我的計畫，和尼莫相遇也不在我的計畫當中，難道和漢克相遇是計畫嗎？人生最美妙的事情都是偶然發生的。」

最重要的事情無法靠計畫獲得，而是選擇自己認為有趣的事物，才能獲得結果。以人生層面看來，這句話蘊含深遠的涵義，我相信很多人都心有戚戚焉。那麼，如果以商業買賣角度來看，情況又是如何呢？

「總是只選擇好玩有趣的事物，絕對不會進展順利。」

「商業買賣就是ＰＤＣＡ的反覆循環，不能沒有計畫。即使偶然成功，也無法持續下去。」

相信很多人都有這種想法吧？不過，計畫固然重要，我認為即使是商業買賣，選擇有趣事物的生存方式而獲得成功的大人物並不少見。

「有趣」和「輕鬆」看似雷同，但意義卻全然不同，大家常說即使選擇有趣的事物也得付出辛勞。不對，不如說是正因為選擇了有趣的事物，才能夠付出努力，才會製作計畫。從旁人的眼裡看來，或許有許多人都認為這種努力非常痛苦煎熬。但是，各位不認為其實許多時候因為覺得開心而付出努力時，出乎意料之外付出努力的本人並不覺得辛苦嗎？因為覺得有趣，所以會做很多不同的分析，也會規劃計畫。我認為這正是通往成功之路的泉源。

當我總結在首都圈以外創造客源的活動時，我發現雖然成功執行了在全國購物中心舉辦的「東京迪士尼度假區旅遊展」，但其實我有將近兩個月左右的時間沒有回家，走遍日本全國各地進行現場管理。

看在周遭的人眼裡，我不能回家休息、也無法和朋友玩，即使休假期間也得出差在外地度過，看起來非常辛苦。但是，對我而言，說到底企劃展覽的是我本人，而我也沒有什麼機會能夠親眼目睹全國主要都市的狀況，所以除了覺得有趣以外，沒有其他的想法。

更何況，活動會場是和日常生活緊密結合的活動中心，地點改變、人也會跟著改變，各地縣民的特性以及當地的特色都不一樣，每天都可以累積往後活動的參考材料，這份工作讓我感到非常充實。然而，要是我抱持著煩躁、麻煩的態度執行工作，結果又是如何呢？即使工作結束也不能回家，如同一直被囚禁在公司一般，而且還沒有加班費。明明繳了當地運動俱樂部的會費，也完全沒機會去……，應該會煩悶、厭倦到無法忍受的地步。

即使是做一樣的事情，光只是看待事物的方式不同，就會產出不同的結果。雖然辛苦，但是做的是自己喜歡的事，以及辛苦，但是做著自己不喜歡的事，哪個情況更容易創造成果，答案呼之欲出。正因為選擇了會讓自己興奮不已、覺得有趣的事情，所以更容易創造出成果，即使不小心失敗，也能愈挫愈勇。如此看來，在工作上，選擇自己覺得有趣，感到期待的事物才是正確解答。

支撐迪士尼企業文化的十項祕訣

想要讓很多顧客感到期待、興奮和感動。會有這種想法，是因為員工本身抱持著期待感思考事物，這也是迪士尼特有的結構和文化。自己感到興奮和期待，所以能夠以共同目標為出發點和同樣感到期待的人相互連結，同時團隊合作也會因而誕生。

你的公司和組織情況又是如何呢？「畢竟是工作，痛苦也是理所當然」「工作本身就是一件辛苦的事」，公司裡是否有人說過這些話呢？為了顧客的笑容，為了一起打拼的工作夥伴，不論多艱辛，都能披荊斬棘。正確來說，正因為身處在這個環境，自己才能抱持著期待感。這是人才培育上不可或缺的條件。

那麼要怎樣才能培養類型的人才呢？在迪士尼裡，有一套工作習慣及文化被視為理所當然，必須貫徹實行。我從中挑選出十項秘訣，後續將會以這十個項目整理成的關鍵字介紹給大家。

每一個關鍵字的共通點是：不只有自己，也對周遭的成員產生影響力。簡單來說，將周圍所有人都捲入漩渦當中，正是興奮和期待的泉源。不只局限於公司內部的人員，連周遭的往來客戶也會一併被捲進去，透過打造出想要一同完成某件事的思考模式文化與氛圍，自己也將會產生最劇烈的轉變。每個人只要稍加意識，就能簡單實踐這些祕訣。以下的關鍵字和技巧非常重要，請各位讀者閱讀完後，千萬要嘗試看看。

祕訣①「WHY」和「HOW」

第一個關鍵字是「WHY & HOW」，意思是「為什麼？」「怎麼做？」，也可以轉換成另一種想法：將目的化作言語。

我們已經在第二章了解到，必須讓每位員工對事業的目的和理念達成共識，而執行一件事時，必須理解做這件事的理由。理解執行目的後而行動和單純行動，兩者之間相差甚遠。

員工都知道訂定禁止事項和規則的理由嗎？

無論是哪家公司，公司內部都有被視為理所當然的規則。以迪士尼為例，不只有裝扮的服裝與髮型規定，還有必須保持園區乾淨整潔、不可攜帶便當進入園區內、不可高舉旗幟做出率領團體行動的行為等多項禁止事項。

迪士尼令人佩服的地方在於，每位演職人員都知道這些規則，並且做到不僅遵守，甚至幾乎一〇〇%清楚訂定這些規則的理由；不對，所有演職人員絕對是一〇〇%理解原因。在迪士尼樂園裡「每位顧客都是VIP」，演職人員必須穿戴招待VIP的服裝，不可以讓對方感到不愉快。同樣的，園區內一定得保持整潔乾淨。

「迪士尼主題樂園的目的是，要讓顧客感覺到幸福。」

每個人對於幸福的價值觀不盡相同，所以，園區必須打造成每個人都能享受自己價值觀的環境。因此，才會限制團體行動。但是，也不能讓團體遊客感到不便，所以才將集合地點設置在入口外。只要根據不同情況，設定前進的路線，「WHY & HOW」將變得清晰可見。

共同任務的化學效應

這個技巧的重點也可說成是「將共同任務化作言語」。前文曾提及「每位顧客都是VIP」「迪士尼主題樂園是創造顧客幸福的地點」，重點就是分配共同任務給所有員工。當彼此有共享、共同的任務，就能清楚規範出不可以做的事情。而且，開始思考為了達成任務該怎麼做，也能更容易驅策每個人展開行動。

你的公司或組織的狀況又是怎麼樣呢？不光只有理解規則，所有員工是不是確實理解他們現在正在執行的事物，以及知不知道執行任務的目的？大規模的組織，更容易出現不清楚對方在做什麼工作的狀況發生。

所以，針對前進的方向和共同任務，至少必須建立起體制，讓全體人員能理解為什麼這麼做。第一步是打造讓人感到興奮期待的職場環境，接著要試著檢視每位員工是否對彼此的工作以及公司規則都有一致的共識。

WORK

打造讓人感到興奮和期待的職場

①目前你最想執行的事情，或是最希望讓員工或部屬執行的事情是什麼？（如果不知道執行的項目，寫出問題即可。）

②為什麼你會想要執行，或是想要請員工、部屬執行呢？（已經寫好第①題的讀者，請寫出你為什麼認為這是問題。）

③執行後所得到的結果，會對未來產生什麼樣的改變？（解決問題後，未來會產生什麼樣的改變？）

④你希望什麼時候獲得這個未來？（你希望什麼時候解決這項問題？）

祕訣②正向語言

第二個關鍵字是「正向語言」。這是我在第一次參加針對園區內現場狀況所舉辦的教育訓練時學會的方法，當時講師教導的是針對顧客的說話方式。

例如，顧客提問：「今天樂園營業到幾點？」。回答「是的，今天晚上十點關園」，或是「是的，今天樂園開到晚上十點」，哪一個才是正確答案呢？

一組家庭帶著孩子搭乘有年齡限制的遊樂設施，但是因為孩子的年齡限制無法搭乘。這時候回答「〇〇歲以下的孩童無法搭乘這個遊樂設施」，和回答「因為有年齡限制，所以這次沒有辦法搭乘，但是下次生日時就可以搭了喔。下次來玩的時候，只要出示這張門票就可以優先搭乘。生日的時候大家會為你慶生，所以那個時候請一定要來迪士尼遊玩。」哪一個回答才不會讓顧客感到失望呢？

看似簡單的這幾項案例，讓我學會正向語言擁有多麼強大的力量。

而且，最讓我感嘆的是，活用正向語言的技巧，竟然不只有針對顧客，針對演職人員和公司員工也同樣適用。在迪士尼，面對給予指責，或是需要對方改善的情況下，更是經常活用這個技巧。

接受前輩的「正向」責備

事情發生在進公司的第二年，有次我和一位新進員工一同開公司用車到市區跑業務。最後一場會議結束時是晚上七點。這位後輩說：「我自己把車開回公司就好，嶋田前輩可以先回去沒關係喔」，我恭敬不如從命接受他的提案，一個人先踏上了歸途。

隔天一到公司，我就被前輩叫去訓話：「昨天很晚的時候，新進員工山口一個人把車開回來，而你呢，因為後輩自告奮勇要把車開回公司，然後就答應了。雖然沒有規定要兩個人一起回來，但是一起回公司還車，和自己一個人開回來，對他來說，哪個比較開心？」

之後前輩沒有繼續生氣，也沒有繼續指責我，只說了一句：「你好好給我想清楚」，所以我也只能摸摸鼻子反省。

假使，當時突然被前輩責備：「為什麼一個人先回家了？」或是「兩個人一起回來才對吧？」，情況又是如何呢？我大概會反駁頂撞前輩，也無法理解問題的本質，反而會一味為自己找藉口搪塞。

這是我個人的推測，雖然公司內部沒有舉辦如何下指示的教育訓練課程，但是幾乎所有員工都擁有在園區內的工作經驗，正因為有過親身經歷，學會什麼樣的說話方式更具有力量，因而能自然而然的使用這項技巧。各位如果有機會直接接觸顧客，在接待現場時，請千萬要嘗試選擇「正向語言」的說話方式。而較常待在公司內的人，也可以試著活用在公司內部溝通上。

WORK

能夠引起共鳴的勸告方式

①請試著回想最近你曾指責誰，或是對誰發過脾氣。原因是什麼呢？

②請寫下當時的你是如何勸告對方。（如果你當時沒有直接訴諸言語，請試著思考如果要透過言語給予勸告，你會怎麼說。）

③請試著將正向語言加進勸告的內容中，並且寫出來。

④看著加入正向語言的內容，你感覺如何呢？

祕訣③認同對方

第三個關鍵字是「認同對方」。有人喜歡上台發表或是說話，相反的，也有人不擅長說話或表達自己的想法。

雖然是我個人的私事，但我其實並不太擅長在眾人面前說話，不過會在大家面前或是參加會議時積極發言，陳述意見。離開迪士尼後，第一個讓我感到驚訝的是，這世界上竟然有人不把別人的話聽到最後。

先不論我講的內容有不有趣、是否有幫助，但在迪士尼，無論是什麼會議，不只有我，每個人都會把話聽到最後。反之，我看見其他許多公司，即使是互相提出創意構想的會議，過程也像是結論已經確定好一樣的進行。

如果是像我一樣不服輸倒是還好，因為我會思考下次參加會議該以什麼樣的說話方式或內容表達意見；但是，這種做法不僅會讓有些人變得不敢表達意見，更有可能抹煞全新創意構想的誕生機會。

此外，在培育人才方面，面對失敗或是失誤的員工，首先必須傾聽當事人的思考方式並給予認同後，再教導對方應該怎麼做。這樣才能讓員工成長得更快、更好。換句話說，認同對方指的是不只是以自己的標準思考，而是站在對方的立場，以對方的標準嘗試重新思考。這不僅只局限於人際關係和人與人之間的溝通，如果在日常生活中也能學會站在對方的立場、以對方的角度思考，應該會有重大的發現。

舉例來說，當你對平常不會留意、毫無特別之處的景象提出疑問：「為什麼要做這件事呢？」並且站在對方的立場思考的瞬間，會發現全新的世界正在等著自己。

認同才能帶來全新的創意構想

雖然現在已經不太常見，但以前有段時期，常常能看見許多人在車站前發放宣傳面紙。當時，我不經意看著這些面紙所感受到的是，對於必須盡可能增加接觸機會的產業來說，既然得執行難以鎖定目標客群的宣傳，像這樣不管三七二十一，先讓對方拿到刊載廣告的面紙再說，可能就是最有效的方法。

正好，那段時間我正在思考如何針對大學生進行宣傳活動，雖然想發放附有宣傳單的試用品，但是我並不知道哪些人對迪士尼有興趣。話說如此，如果只發放宣傳單，而願意拿宣傳單的人數如果不太理想，即使附上試用品也沒有多大的意義。

於是，我開始思考發放宣傳單的同時，可以附上什麼東西，而最後我想到衛生紙以外的替代方案。我深思熟慮有什麼東西是學生拿到後一定會使用的，最後想到在印有迪士尼角色的資料夾中，夾入宣傳單的點子。

雖然這麼做讓成本提高了一點，但幾乎所有人都願意拿取，機率近乎一〇〇％。而且，藉由資料夾和宣傳單在學生之間引發話題，只要有人繼續使用資料夾，就能持續維持曝光率，這個做法帶來的效果更甚預期。

這是我不經意看見有人發放面紙時，站在對方的立場思考後誕生的策略。像這樣站在對方的立場思考、「認同對方」的行為，能夠改善公司內部的人際關係，也能讓不太懂得發表意見的少數派，更容易激發出嶄新的創意構想，更能從不同產業，或是毫無關聯的小事當中產生創意構想。

不論是公司內部會議，或是面對平常一起開會的對象，請務必將對方的話聽到最後，並試著詢問：「為什麼你會這麼想呢？」此外，也請針對街道上的小型店家，以及完全不同產業的人執行的宣傳手法提出疑問，思考「為什麼要做這些事情」。我相信，你一定能看見至今不曾見過的嶄新世界。

WORK

認同對方，促成全新創意構想的誕生

①請寫出一項最近你體驗到或是看見的服務中覺得不錯、有趣的地方。

②為什麼會覺得不錯、有趣呢？

③想出這項商品或是服務的人，當初是懷抱著什麼樣的想法開始這件事的呢？

④請試著思考自家商品或是服務，是否有可以運用相同想法執行的事情呢？

祕訣④守護

第四個關鍵字是「守護」。另一個和「守護」相似，但會引來責難的是「管理、監視」。說法雖然有些極端，但是找出優點，並加以延伸擴張是「守護」，而只看缺點就是「管理、監視」。

在迪士尼，包含社長和幹部等管理階層，如果在園區中看見哪位演職人員服務優良，會頒發一張卡片給他，集滿五張後，這位演職人員將受邀參加「五星卡制度」的特別派對。

這個制度的優秀之處在於，這是為了找出優點而設計的制度。反向思考，如果幹部和主管是為了指責員工的失誤而在園區徘徊，結果又是如何呢？被看見的瞬間，將啟動不想被責備的情緒反應，導致員工變成不是為了服務顧客、而是為了應付主管而工作。

五星卡制度的目的是讚賞，所以員工會以指導手冊裡沒有寫的迪士尼理念為根基，依照自己的思維展開行動。而且，演職人員並不會一邊意識主管一邊工作，而是真心誠意面對眼前的顧客。

互相讚美的文化能提升顧客滿意度

此外，迪士尼還有一項相似的制度「東京迪士尼度假區精神」（Spirit of Tokyo Disney Resort），這是演職人員互相稱讚彼此的優秀表現與努力的制度。獲得最多同儕支持的演職人員將受到表揚，得到夥伴的正面評價令人開心，此外也能讓他們感受到夥伴在身旁看著自己、守護自己。

你不知道自己什麼時候、會在哪裡被其他人注視。不是擔心犯錯時會不會被發現，而是大家都知道同事會注意表現優秀的演職人員。此外，雖說是守護，但是碰上困難時，大家都會積極上前給予協助。打造出這樣的環境，正是提升自我本質的契機。

你的公司或組織又是怎麼樣呢？是否會在身旁守護員工，是否建立讚賞機制呢？一路走來，我看見許多公司員工會質疑彼此的工作方式：「那個人工作速度很慢」、「那個人為什麼要做這種事？」，在對方背後提出疑問時就像是在說壞話一般。

迪士尼則是因為有這個制度讚賞員工的工作方式，所以沒有人的工作方式會被質疑。此外，因為這個制度，全體員工的能力升級，顧客滿意度也跟著提升，看見顧客喜悅的表情，演職人員的成就感也隨之上升，加乘效應就此產生。

想要採用這個制度，首先可以先和家人一起執行，互相認同彼此的優點；如果你是經營者或主管，也可以試著刻意但不經意的讚賞員工的行為表現。當員工的努力受到讚賞，或是認為理所當然的行動受到表揚，當事人的工作動力將大大提升。此外，如果能將這個行動化為習慣，請再嘗試著找出身邊的人身上更多的優點。

WORK

藉由守護培育夥伴關係

①不論公司內外部，請試著想出一位你最想要守護的人。

②你為什麼最希望能守護這個人呢？

③請試著列舉出這個對象的三項優點。

④如果這個對象成長得比現在優秀、能夠給予你協助，你覺得他是什麼樣的存在呢？

祕訣⑤「GOODSHOW」和「BADSHOW」

第五個關鍵字是「GOODSHOW」和「BADSHOW」。

一般人可能對這兩個單字不太熟悉，但迪士尼所有的演職人員都知道這兩個字的意思。在迪士尼主題樂園工作的演職人員，行為舉止符合自己的身分，或是表現傑出，我們稱為GOODSHOW，反之，做出不適切的行動或是應對態度，則稱為BADSHOW。接下來，我將為各位介紹迪士尼特有的、活用GOODSHOW和BADSHOW這兩個關鍵字的讚美與責備法則。

迪士尼特有的「按讚」習慣

自從臉書等社群軟體普及之後，個人對個人「按讚」評價的情景變得隨處可見，但是在這之前又是如何呢？我想應該沒有什麼機會能輕鬆的對他人傳達「按讚」的想法。

然而，在社群軟體尚未普及之前，迪士尼的世界早就有向周遭的人「按讚」評價的習慣。如果說「按讚」代表著比之前提過的「守護」更高一階層的意義，我想各位應該就比較能夠理解了。雖然這只是微不足道的行動，卻能善用朝會和夕會等時機，在大家面前具體表揚表現傑出的事，正是所謂的迪士尼風格。

這個方法不僅限於個人使用，團隊或複數成員的活動也可應用。執行的要點在於，讚賞的基準也是獨樹一格：判斷是否符合迪士尼的風格，以及明確說出哪些地方做得非常優秀傑出。反之，指責方式也和 BADSHOW 相同，根據行動表現是否符合迪士尼風格作為判斷準則。

對於行為舉止不符合迪士尼風格的演職人員，必須確切告訴對方這麼做不對的理由。重點是向對方傳達為什麼不行，以及確認對方是以什麼樣的思考方式才作出那個行為。不能只單純告訴對方為什麼不對，一定得詢問對方的想法，了解他為什麼會採取這些行動。如此一來，才能看見本質上真正應該糾正的重點。

舉例來說，假設現在有位演職人員遲到。不論任誰看來，都會認為遲到就是錯誤的行為，因此很容易不自覺脫口說出：「下次你再遲到的話，就要……」。但是，在迪士尼大家則會這麼說：「太好了，只是遲到而已。如果你今天請假大家會忙不過來，不過雖然只是遲到，你也要稍微想想看會對其他成員造成的負擔喔。」

讓當事人自己思考，遲到會造成什麼實際影響。接著，再繼續透過詢問「話說回來，為什麼會遲到呢？」了解理由，進而找出解決對策，或是發覺根本的原因。此外，告知對方哪裡不對時，我們經常會活用祕訣②提到的「正向語言」。如此一來，不會只以指責和否定結束對話，而是精確做到後續的照顧正是所謂的迪士尼風格。

設置「GOODSHOW」和「BADSHOW」這兩個明確的詞彙存在著極大的意義。有了這兩個詞，演職人員們能輕鬆的脫口而出「現在這個行為是BADSHOW呢」，因此孕育出另一項優點，創造出能毫無顧忌互相給予工作評價的機會。

尤其是「BADSHOW」這個詞彙，如果以自己國家的語言來看，就是「不可以」「不準」等帶有否定意味的用詞，讓人難以開口對他人說「你這樣不對喔」，而且被別人指責時甚至也可能會生氣、不開心。但是如果用「BADSHOW」這個詞取代，就能毫無顧忌勸告對方。特別是在剛進公司的時期，新人會傾向使用新的專業用語，因此日常生活中也經常會被同期的同事說：「你剛剛的表現應該是BADSHOW吧？」透過這些經驗，公司文化將自然而然侵入滲透每一位員工的心裡。

請各位一定要試著為你的公司、組織或團體設定公開、透明且明確的判斷標準，並且打造同事和團隊成員之間能自由評價彼此的環境。不只有主管和管理階層，鄰桌的同事也能輕鬆的讚揚或勸告對方。這正是最堅不可摧的職場環境。

WORK

重新審視自己的職場評價標準

①在你的公司或組織裡，什麼是 GOODSHOW 呢？（請列舉你想到的所有事項。）

②在你的公司或組織裡，什麼是 BADSHOW 呢？（請列舉你想到的所有事項。）

③GOODSHOW 和 BADSHOW 是以什麼樣的判斷標準所決定的呢？

祕訣⑥只思考可以達成目標的方法

第六個關鍵字是「不是思考無法達成的理由，而是思考可以達成的方法」。華特．迪士尼的思考原點是「該怎麼做才能達成創意構想」。在所有傳承華特．迪士尼思維的迪士尼世界中，所到之處都是活用這個思考模式在工作。

在此，為各位介紹一個有名的故事。東京迪士尼樂園與東京迪士尼海洋裡，有些遊樂設施必須搭乘小船在水中移動，例如「小小世界」和「辛巴達傳奇之旅」等。事實上，在美國，身障人士與無法獨自行走的遊客不能搭乘這類遊樂設施。理由是萬一小船翻覆了，這些遊客無法靠自己的力量逃生，要救助他們也比較困難。

東京迪士尼開園後，曾經有段時間也採取和美國的樂園相同的策略，禁止行動不便的遊客搭乘這類型的遊樂設施。然而，日本迪士尼為了讓這些遊客也能享受遊樂設施，嘗試將輪椅放入小船中，上下船時請工作人員協助，經歷無數次模擬演練後，現在這些遊客也能搭乘這類型的遊樂設施了。

這個做法和迴避風險的美式思考邏輯不同，雖然或許這是日本獨有的思考邏輯，但是，這也是思考該怎麼做才能確保遊客安全，並反覆追求解答後才得出的結果。簡單來說，日本迪士尼不是告訴顧客不行的理由藉此說服對方，而是在問題出現時首先嘗試思考該怎麼做才能解決。

專注在「該怎麼做才能實現」

在會議上，當有人提出有趣的創意構想時，其他人會自然而然提問「該怎麼做才能達成呢？」像這樣找出通往達成的道路，在迪士尼是再普通不過的事。然而，如果是完全相反的文化，情況則非常不樂觀。每當有人開口說出有趣的構想，瞬間就會被「不，那絕對做不到」的聲音給淹沒。

其實，在我離開迪士尼與某家企業開會前，我從來不曾想過，會有人認為做不到的事情就是做不到，所以直接放棄。如果資深員工都將「辦不到的事情就是辦不到」的思維當作習慣，可想而知，「該怎麼做才能達成」的思考方式將完全遭到抹殺。

之前介紹過在全國各地購物中心舉行的「東京迪士尼度假區旅遊展」，要是在會議上提出企劃案時，是以做不到為前提思考：「迪士尼可是有贊助商制度（當時的贊助商是崇光百貨公司），想在贊助商競爭對手的場地舉辦宣傳活動，免談！」這種狀況很有可能出現，而且會導致提案瞬間花為烏有。

在迪士尼，因為有「該怎麼做才能實現」的思考模式作為基礎，我才能馬上獲得寶貴的意見：「只有贊助商可以使用迪士尼的角色布偶裝，所以他們企業旗下的店面舉辦的展覽會有迪士尼角色到場，不僅可以突顯贊助商的優勢地位，還能把布偶裝帶到大都市，曝光效果會更好。」因此，企劃案才能順利推行。

思考風險和問題固然重要，但絕對不可以將這個當作「辦不到的理由」。反過來說，如果能養成「該怎麼做才能達成」的思考習慣，就可以向前邁出一大步。

WORK

從「該怎麼做才能達成」擴大可能性

①請試著具體回想工作上曾經想要做、最後卻擱置的事，或是做出和原本想做的企劃截然不同的案例。

②是什麼原因讓原先的企劃變成了成其他的方案，或是遭到中止、擱置了呢？

③如果想要達成這件事，要做哪些事就能成功實現呢？

祕訣⑦不讓對方覺得膩

第七個關鍵字是「不讓對方覺得膩」。這句話在迪士尼，同時也是顧客服務方針裡極為重要的一句話。

迪士尼主題樂園有各季節的特殊活動，也會定期導入新遊樂設施，注重本質上不可改變的事物，以及必須改變的事物兩者之間的平衡。不會妥協於「這樣就好」，因此甚至有人說，這個變化正是讓顧客再次上門的祕訣。

但是，這不僅適用於遊樂園。無論是人際關係或是工作方面，「不讓對方覺得膩」的想法能成為刺激，讓工作上的思考方式和人際關係產生變化。

無時無刻都保有新鮮感

無論是再優秀的商品或服務，只要持續販售相同的商品，最終都會進入穩定期，也能想像出可能會發生什麼事，工作上的管理也會變得更輕鬆。另一方面，因為突發狀況減少，工作變得單一，單調無趣的日子自然增加。

當工作開始缺乏變化，也會隨之削弱工作者的積極度，而且因為有了餘裕觀察四周，開始注意其他的人工作方式，實際上反而會產生負面的影響。不過，如果能像迪士尼一樣，每年都加入新的事物，也不會出現每年都反覆做著相同工作的人。

去年制定的規則，今年就不適用，必須再重新訂定新的規則。這樣雖然會增加手續和工作，卻能透過引進嶄新的事物，持續累積過往的事例，提高工作的精確度。而且，也因為每年的要求標準提高，反而更需要仰賴團隊合作，職場的人際關係甚至也能因此產生變化。

即使思考該怎麼做才能常保人際關係和工作的新鮮感，也遲遲找不出滿意的方法。但是，如果秉持著今年、這個月、這一週也要致力於不讓顧客感到厭倦的態度，思考該怎麼做才能讓顧客更開心，並且加以實踐、精益求精，那就有可能做到常保工作和人際關係的新鮮感。

前幾天我去美容院時正值萬聖節時期，店裡所有員工都變裝打扮、畫上臉部彩繪。難得街道上因為萬聖節變得熱鬧活潑，所以他們為了讓來店的顧客也能享受萬聖節氛圍，才企劃了這項活動。顧客反應熱烈不在話下，員工之間也因為利用空閒時間互相彩繪，一起在店內拍照同樂，彼此間的關係也變得更加融洽，這是至今為止員工之間從不曾出現過的氛圍。

美容院的例子正是最吻合這個關鍵字的案例。他們公司企劃這個活動的目的並不是讓員工們享樂，也不是以建構人際關係為目標，而是單純想讓顧客感到更開心。但是，以結果來看，不僅讓年紀差異懸殊的員工彼此間相處得更融洽，甚至還改善了職場的氛圍和人際關係。

我還在迪士尼工作時，迪士尼會舉辦一場名為感謝日的活動。園區關園後，管理職的員工會作為演職人員營運遊樂園，一般員工和計時人員可以和家人、朋友一同造訪園區，以遊客的身份享受迪士尼。

平常擔任管理職的員工，實際站在現場工作時能看見不同於以往的景色，以及平常負責接待顧客的員工則作為遊客享受樂園，這能引發雙方發覺全新的感受。透過這項活動，除了能察覺平常工作上的問題，讓工作產生起伏，還能建構人際關係，誘發許多相關聯的正面影響。

各位是否願意嘗試思考能讓彼此享受同樂的嶄新策略呢？身在服務業的人，可以採用和迪士尼相同的企劃，讓管理職員工站在最前線接待顧客，一般員工作為顧客和家人與朋友一同享受服務，我相信對於察覺全新的發現非常有幫助。

WORK

為不可改變的事物與可以改變的事物加上彈性

①對於你的商品或服務，必須持續遵守的重點，以及必須改變的事物是什麼呢？

②如果從明天開始，必須在你的工作或商品中引進和以往截然不同的事物，你認為是什麼呢？

③若要實現②，又該怎麼做呢？

祕訣⑧感到驕傲

第八個關鍵字是「感到驕傲」。如果想讓職場或是員工的工作環境能感受到期待和興奮，格外重要的是員工是否有自覺，認為自家的服務或商品能為顧客和公司帶來助益。

即使理念和願景再崇高美好，如果無法實際感受到自己正在向顧客傳達這些想法，人就會開始感到不安，疑惑自己到底是為了誰而進行商業買賣，這是因為人有容易忘記事物本質的傾向。

所以，除了要徹底理解商品和服務的價值，打造一套機制定期向員工傳達顧客給予的評價非常重要。

如果「看不見」顧客，那就主動出擊

有個「敬業度」調查是將員工的幹勁和忠誠化為數值後與其他國家相比，非常可惜的是，調查結果顯示，日本人的敬業度是受訪國家中排名最低，只有三一%。和第一名印度的七七%相較之下，連一半都不到。（參考資料：Kenexa WorkTrends report 2011）雖然日本的敬業度平均值相當低，但是，根據調查結果，迪士尼員工的敬業度為八五%。相較於其他產業，能在眼前看著顧客的表情和情感表現，確實更容易勾起員工的成就感和幹勁。然而，迪士尼的厲害之處在於，連不會和顧客直接接觸的演職人員，也對工作抱持著高度的驕傲及幹勁。

在迪士尼，園區關閉後負責打掃清潔的員工稱為夜間清潔人員。而我曾親耳聽見一位夜間清潔人員這麼說：

「如果沒有我們，直接和顧客接觸的演職人員會更辛苦，一早來園區遊玩，卻發現遊樂園髒亂不堪，我想顧客也不會開心。雖然我們不會直接感受到顧客的謝意，也不會聽見他們對我們說聲謝謝，但是，早上下班回家時，遇見來上班的演職人員對我們說聲辛苦了，就十分足夠了。」

夥伴和顧客能看見自己在背後所做的努力，並且為此感到開心，沒有什麼比這更讓人感到幸福。員工能秉持這種態度，遊樂園的價值也能滲透到每一個角落，全是因為員工彼此互相信賴。

如果是網路購物或B2B這類無法輕易見到顧客的商業模式，情況又是如何呢？我建議的方式是，既然看不見顧客的臉，那就由我方主動和顧客接觸。即使是B2B的公司，也有法人合作客戶，而且網路購物公司當然也有顧客。只需要請這些顧客填寫問卷，或是請他們將感想寫成信件。接著，再從中挑選出正面評價，和成員們互相分享即可。迪士尼也有公司內部互相分享顧客寫給員工的讚美函與意見函的機制，還會將感人的內容集結成冊，發放給各個員工。

不過，有一點必須請各位多加注意。如果在問卷裡寫上「如有服務不周或需要改進之處，請不吝寫下您的意見提供給我們參考」，真的會收到非常多寫滿負面評價的顧客回覆。因此，只要寫下「如有滿意之處，請不吝給予我們一句鼓勵與支持」，就能收到許多來自顧客的加油和支持訊息。

此外，除了利用顧客回饋讓員工對工作感到驕傲之外，善用其他機制讓員工的家人和朋友羡慕他能在這裡工作也非常有效。在迪士尼裡，根據工作年資，可以獲得免費護照，或購買商品時能享有員工價等福利。此外，之前提過，招待員工參加園區關園後的派對等，能創造讓員工想向他人炫耀的機制，也是讓員工對工作感到自傲的有效方法。

WORK

提高對工作感到驕傲的意識

①你的工作職場中，是否有能夠向人炫耀的事情呢？

②顧客和客戶給予什麼樣的回饋，能提高你的工作幹勁呢？

③除了自己，為了讓每一位員工都對工作感到驕傲、都想向他人炫耀，可以怎麼做呢？

祕訣⑨共同的行動準則（方針）

第九個關鍵字是「行動準則（方針）」的共識。只要跟迪士尼有關的人都知道這一點，不過，許多迪士尼相關書籍和演講中也都曾提過，所以很多人可能都曾聽過迪士尼的行動準則：SCSE。

S＝Safety（安全）

C＝Courtesy（禮儀）

S＝Show（表演）

E＝Efficiency（效率）

迪士尼的演職人員在行為舉上需要注意哪些事情，又該以什麼作為判斷基準？都是以迪士尼訂定的一套明確的行動準則（方針）為標準。

迪士尼非常重視行動準則（方針）的順序，也就是說，以「安全」為第一優先。在迪士尼，比禮儀、表演和效率更重要的就是安全。站在幕前的顧客固然重要，但就連幕後的員工，同樣也以安全為第一優先。

我進公司時被反覆教導過無數次，公司甚至交給員工寫有ＳＣＳＥ的卡片，並要求我們隨身攜帶。不知道為什麼，那張卡片到現在我仍捨不得丟，至今還收在名片夾裡。事實上，離職後面對許多不同場合，例如執行新企劃時，我也會將顧客和員工的安全放在第一位順位考量，再展開行動。

三一一東日本大地震發生時，園區內的演職人員自發的發放作為商品販售的玩偶讓遊客保護頭部，這件事被大家傳為佳話。透過這件事我們可以發現，即使是沒有寫在員工守則裡、預料之外的事，演職人員也能依據ＳＣＳＥ的思考模式展開行動。只要透過制定與建立行動準則的共識，緊急時刻所有員工都能擁有獨立思考的能力。

當每個人都對行動準則有了共識，員工的行動將變得更加明確，遇上緊急狀況時也能鎮定的展開行動。如果你的公司也有設定類似SCSE的行動準則，請試著將這套準則滲透到每位員工的心裡。

WORK

確立公司的行動準則，達成共識

①請試著列舉出你的公司或組織的行動準則（方針）。（還沒建立準則的話，請嘗試思考適合的行動準則。）

②如何決定行動準則的優先順序呢？

③你認為應該如何建立行動準則（方針）的共識呢？

祕訣⑩探究本質

最後第十個關鍵字是「探究本質」。這裡的本質指的是，在事業與工作層面上，必須不斷提升的特質。

前陣子，我有幸和原田年晴先生一同吃飯；他在關西的大阪電台擔任主持人長達三十年以上。我對於當時原田先生所說的一段話，留下深刻的印象：

「主持人不是只要唸唸稿子就好，尤其電台主持人只能靠聲音傳達。精湛的落語家會讓觀眾看不見落語家的身影，這正是觀眾被他的話語所吸引的證據。廣播也是一樣。無論是新聞報導、介紹商品或介紹觀光勝地……必須只單靠話語讓聽眾產生想像。

除此之外，還必須不讓每個人所想像的事物七零八落、參差不齊。這項商品推薦給誰？原因是什麼？這些絕對必須傳達的重點，都得讓聽眾取得相同認知不可。也因為如此，在廣播界待了很長一段時間的我，都會以前輩的身份對後輩說，必須時常思考該如何向聽眾傳達。當你不再思考這件事的瞬間，就不配作為一位主持人。」

換句話說，作為主持人必須不斷追求、持續探究的本質，就是傳達的技術。同理可證，歌手這個職業的本質就是傳達感受和心意；既然是透過歌唱作為傳達的方法，就必須永遠追求該怎麼把歌唱得美妙動聽，又該如何傳達自己的感受和心意。如果是一名廚師，就是藉由料理傳遞幸福，絕對無法在美味層面上妥協屈就，必須持續追求製作出美味的料理。

不讓事業和服務的本質失焦

「迪士尼樂園永遠沒有完成的一天。」這是華特·迪士尼說過的名言，而這句話誕生的契機是來自某位顧客的心聲。

某天，某位顧客脫口說出：「這個遊樂設施已經搭過，所以不用再搭了。」當時，華特・迪士尼正好從這項遊樂設施前經過，這句話於是傳進他的耳中。他馬上將遊樂設施的設計師叫去，對他們說：「迪士尼樂園具有生命。會呼吸的生物就需要變化。所以，迪士尼樂園沒有完工或結束的一天。必須時常在創意層面上下功夫，持續添加新的事物。」

當我在園區內工作時，指導員曾教導過我們「沒有一天不思考如何讓顧客獲得喜悅」。舉例來說，就連被顧客詢問廁所在哪裡，也沒有制式化的解答。因為必須根據遊客的年齡、同行的遊客有哪些人，當場統合所有可以拿來判斷的資訊，瞬間做出決策，給予最適切的解答。所以，迪士尼的員工必須時常動腦思考解決對策。

我也曾經被教導過，只要迪士尼樂園仍是提供幸福的場所一天，在這座樂園裡工作的員工，無論是對待合作客戶或是顧客，都必須為他們提供幸福。而這些細膩關懷的累積，其實真正磨練的是員工的自我。

你的事業和服務的本質究竟是什麼呢？耗費一生所探究的主題是否足夠明確呢？即使現在作為商業買賣很成功，也必須永遠追求它的本質。為此，首先你自己必須先面對本質、持續追求本質，如此一來，周遭的人必定也會繼續跟隨你。

WORK

探究追求本質

①你的事業的本質是什麼呢？

②為了繼續探究這個本質，應該怎麼做呢？

第八章

拓展客源的絕對法則

不重視膚淺技巧與表面功夫

到目前為止，我想要傳達給各位的是：必須重視消費者並確實為顧客帶來幸福。無論在哪一個段落，我反覆不斷述說理解顧客的行動和思考方式非常重要。以結果來看，不論是新顧客或老主顧，到頭來都一樣是顧客，必須時常思考顧客追求的是什麼、現在在想什麼。只要讓顧客獲得幸福這件事尚未實現，即使業績提升、客源增加，也不過是過眼雲煙，消縱即逝。

總之，希望各位能夠思考，該怎麼做才能更接近現實。

光靠技巧吸引顧客簡直錯得離譜

增加客源的技巧多得不勝枚舉，宣傳手法和管道也同樣如此。SEO、關鍵字廣告、社群軟體、響應式網頁或臉書廣告等，做到最後卻連這些方法能得到什麼效果都不知道，就被時代洪流沖散。你是否也是不斷反覆的經歷這些過程呢？

引進最新的方法固然重要，善加利用這些技巧，可以比以往更有效率的吸引更多顧客。然而，如果每次都一味執著於技巧，不自不覺中將淪為受到公司業績和顧客人數擺布的險境。不只是經營者自己，最後甚至可能連員工眼中也只看得見業績和顧客人數。

我想，閱讀這本書到現在的各位應該有發現，因為這些原因，本書幾乎沒有提到詳細的操作技巧或方法，而是只以增加客源的廣泛思維為中心。一旦雙眼被技巧蒙蔽，將永遠持續遭到技巧控制，即使能創造一時的客源，也無法理解背後真正重要的意義應該是獲得顧客的共鳴。

我除了顧問的身分之外，還是一名啟導教練。請問各位是否聽過透過一張圖表讓對方展開行動的寫作手法「共感寫作法」。開發這套方法的中野先生曾說過，真正的共感是指「自己的正向影響」，而「自己的正向影響」和「對方（顧客）的正向影響」有部分其實是相互重疊的。如果想要吸引顧客，就必須讓顧客取得共鳴。然而，不只顧客必須感受到正向影響，自己如果沒有感受到正向影響，就不能稱為真正的共鳴。

我認為這段話非常有道理。只有顧客的正向影響與自身的正向影響兩者兼具時，真正拓展客源的行動才會展開。

然而，過於拘泥於技巧和最新的方法，遺忘自家公司本質的情況並不少見。最終，顧客的正向影響將被拋諸腦後，商業買賣的本質也崩潰瓦解。而且，還不止如此。過度拘泥技巧的後果，就是吸引到預期外的客源，以結果來看，或許顧客人數是呈直線上升，卻必須為了新的客源增加新的相關對策，結果導致全新的問題產生，不僅沒有對自我本身產生正向影響，經營者也將變得苦不堪言。

人只要聽到別人說「周遭的人大家都這樣做啊」，就會開始擔心自己是不是應該也要這麼做才對。如果當時正逢自家公司顧客人數有下滑傾向時，就會把它當作救命稻草，死抓著不放。但是，情況愈危急，才更應該回歸本質。

不被潮流帶著走、真正的價值行銷法則

我有位朋友在石垣島經營潛水店。約莫十年前左右，每天工作完回到家，我那位朋

友從傍晚開始就會坐在電腦前，查詢自己的店在當地區域的搜尋排名，為此一喜一憂。

某天，這位朋友跟我分享能讓搜尋排名提高的技巧，他使用那些技巧後排名經常落在前段班，預約人數也隨之扶搖直上。然而，從那時候開始，出現了許多預約時間前臨時取消，或是當天沒來、打電話也聯絡不到人的顧客，顧客層明顯和以往大不相同。他發現，認為只要自己開心就好、別人怎樣都沒關係的顧客增加，老主顧的滿意度也大幅下降。

當然，透過網路搜尋而慕名前來的顧客，並非每一位都會造成困擾。重點是，沒有從自家店面存在的意義和價值著手，思考「希望能招攬什麼樣的顧客前來光顧」，一味只追求拓展客源的方法，正是所有問題的根源。

之後，我的朋友不再採用仰賴流行或技巧的宣傳方式，而是繼續經營以前的部落格，刊載〈針對初學者與潛水空白期業餘玩家的預約制潛水店〉等文章，持續只針對讓顧客了解「自己的定位」的方式做宣傳，只吸引真正需要自家店面的顧客前來光顧。最後，這些顧客不止成為了老主顧，甚至還會介紹其他人上門光顧。

話說回來……我一直宣導的拓展客源法則，從不盲目追求潮流，而是以迪士尼風格的思考方式拓展客源，同時不可或缺的，正是以華特·迪士尼的理念為根基建立的思考邏輯。這套法則的精華，都已經在前文各章節詳細說明了。

夢想的目標能夠帶來創新

最後，我想為各位介紹持續增加客源，並繼續成長茁壯的方法：那就是擁有如同夢想般的目標。我在一九九八年進入迪士尼，當時東京迪士尼樂園的來園人數堪稱最高記錄，高達一千七百四十五萬人。但是，當時公司已經宣布，迪士尼開業後來園人數必須達到兩千五百萬人的目標；這個目標達成後，更是必須以三千萬人為目標。

現在，住宿的遊客買兩日護照再普通不過，而且購買三日護照、四日護照的比例也正在上升。然而，當時是該怎麼做才能讓顧客從購買一日護照升級到兩日護照，所有人都在不斷嘗試摸索的時代。

雖然迪士尼有兩座主題樂園，但也不能保證顧客能對兩座遊樂園都感到滿意。至今一年只會來迪士尼樂園遊玩兩次的顧客，即使在迪士尼海洋開業後，變成一次去迪士尼樂園、另一次去迪士尼海洋，來園人數也不會因此增加。

只要想到這裡，就會發現要將一千七百萬人增加至兩千五百萬人是多麼艱鉅困難的任務。但是，設定如同夢想般遠大的目標，能讓大家認真思考該怎麼做才能實現，也確實是不爭的事實。

不合常理的目標反而增加了成功的速度

閱讀本書的各位，應該從小就是看著電視或電影的長篇動畫長大。但是，早在一九三七年以前，「長篇動畫」的概念根本不存在。打破這個概念，構思出全世界第一部長篇動畫並且付諸實行的人正是華特．迪士尼本人，那部跨時代的作品就是《白雪公主》。

一九三四年，華特．迪士尼向外界聲明要「打造全世界第一部長篇電影動畫」後，如火如荼展開製作。然而，當時人們的常識中，並不認為有人會想看長篇動畫。但是，正因為華特．迪士尼有創造嶄新娛樂的遠大目標，才能在公開目標後的短短三年將作品公諸於世。而經過八十年以上的今天，大家也才能理所當然的創作長篇動畫電影。

簡單來說，設定如夢想般的崇高目標，團隊團結一心執行任務，運用技術性技巧、專業技術以及商業模組等，全面採用至今不曾被採用過的全新手法，藉此提高團隊力量後的結果，就是誘發創新、引導至成功之路。

如果是光是想像也能實現的目標，結果又有何不同呢？一旦懷抱著只要比現實再稍微努力一些總會有辦法的想法，誘發的成長也不過會是相同的程度：只有稍微多一點的成長而已。然而，如果許下如夢想般遠大的目標，每個人都能構思出無限大的可能性，這股力量就能將強力的彈性化作現實。

想要達成目標的原動力也非常重要，只有自家公司的理念和目標滲透至全體員工的內心才可能成功實現。

如果當時只有華特·迪士尼一個人想要製作長篇動畫，即使作品完成了，也不會締造成功的記錄，或許說不定現在這個世界上也不會有長篇動畫這項娛樂存在。而這也是為什麼設定中長期目標對未來也非常重要的原因。如果每年都以能切實感受到成長為目標，現在的所作所為將漸漸變得理所當然。登上嶄新的舞台以前，即使是不合乎常理的事情，當你回過頭時，會發現已經變得理所當然。

但是，沒有比理所當然的想法更令人恐懼的價值觀。因為，這會讓成長速度瞬間凍結停止。迪士尼能從原本的兩千五百萬來園人數，成長到現在的每年三千萬人，而且還持續成長當中。遠大的目標自然不用說，另外一項重要的原因則是：懷抱著不把常識當作常識看待的思維模式。

WORK

最後的作業

最後的一項作業是自我評估，集結了目前為止所有主題的總結表單。請各位千萬要試著填寫，並透過這張表單，改善自己的拓展客源計畫。

可以從①開始依序填寫，也可以從特殊項目開始填寫：透過你的商品和服務獲得幸福的顧客的樣貌⑩；這類顧客增加後，感覺到幸福的自己的樣貌⑪。

我相信，人類的大腦存在著具體描繪出幸福的目標後，能夠將此加以實現的力量。至今為止，設定企劃時不曾想過成功的樣貌的人，可以嘗試想像自己成功後獲得幸福的樣子。這個樣貌愈是具體清晰，愈能湧現出從未想過的創意發想，其他問題自然而然就能順利完成。

<table>
<tr><td colspan="2">⑥【打造商品】滿足能夠勝過競爭公司條件的商品是什麼呢？</td><td>⑥【價格】這項商品的價格為多少呢？</td></tr>
<tr><td>⑦【販售地點】想要吸引顧客在哪裡聚集呢？</td><td>⑧【時間】想要從什麼時候開始執行拓展客源的活動呢？</td><td>⑨【規模】想要吸引多少顧客呢？</td></tr>
<tr><td colspan="3">⑩【顧客的幸福】當這項企劃成功，顧客人數也增加時，顧客能獲得什麼樣的幸福呢？

⑪【你的幸福】當這項企劃成功，顧客人數也增加時，你能獲得什麼樣的幸福呢？</td></tr>
<tr><td colspan="3">⑫【夢想實現】你認為如果想要讓顧客和自己都獲得幸福，該怎麼做才能讓這項企劃成功呢？</td></tr>
<tr><td>和你一起執行企劃的關鍵人物是誰呢？（可為複數）</td><td>每個人各自追求的是什麼呢？</td><td>希望請他們協助到什麼時候呢？</td></tr>
<tr><td colspan="3">最後，你希望如何推動這項企劃？又該如何向市場傳達自己的想法呢？請具體書寫出必須執行的事項。</td></tr>
</table>

價值行銷法則工作表

① 自家商品和服務的目的、存在意義是什麼呢？目標實現後，你和公司又能獲得什麼呢？

② 請具體寫出中長期如夢想般的目標。

③【目標客群】想要吸引哪個客群的人呢？這個客群的顧客是新顧客，亦或是老主顧呢？	④【需求】想要吸引的客群，他們所期望的必要條件（價值）是什麼呢？（請盡可能多寫幾項條件）
⑤【需求】想要吸引的目標客群的競爭公司是哪一家呢？（盡可能具體寫出競爭公司的價格與販售方法等資訊）	

後記
我進迪士尼工作的真正理由

我進入經營東京迪士尼樂園的Oriental Land公司是在一九九八年。正值開園十五週年，同時也是創下開園以來來客人數最高的一年。

Oriental Land在當時就是企業排行榜前段班的常客，甚至還有傳聞說，如果沒有在園區打工的優秀實績或是出類拔萃的實力，根本無法進入公司。（這是我進公司後才聽說的傳聞，但連我都成功進去了，所以傳聞是真是假我不確定。不過，不知道傳聞就去應徵倒是事實。）

進入迪士尼前，我除了旅行和社團活動外，不曾踏出關西地區，大學時代也幾乎沒有去學校上課。從高中開始我就熱衷於馬術，雖然每天都會到學校，但是只會去馬房和練習場。附帶一提，我甚至還因為只顧社團活動而被留級一年。

至於就職目標，我在大學四年級就立下心願要到牧場工作，因此開始到北海道的牧場打工，但最終仍以失敗收場，回到大阪。大學五年級時，我只應徵了第一志願JRA（日本中央競馬會）與Oriental Land兩家公司。不過，與其說是應徵Oriental Land，不如說是Oriental Land的筆試測驗日期碰巧和JRA很接近，我是為了練習筆試測驗才去應徵。

說實話，我連Oriental Land是間什麼樣的企業都不清楚，甚至連它是經營東京迪士尼樂園的公司這件事都是應徵之後才知道。順帶一提，別說遊樂園，我連東京都沒去過，即使關鍵的筆試測驗問到公司的事情，我也只能隨便作答。那次的筆試連練習都稱不上，我也因而失望透頂，這件事到現在還是記憶猶新。

然而，人的緣份說來也真是奇妙，明明那麼想進JRA，筆試測驗卻不及格，筆試測驗隨便作答的Oriental Land卻接連通過三次面試，一路過關斬將受到錄取。因為我也沒有應徵其他家公司，所以當時下定決心要是進公司後覺得工作不有趣，就再回到北海道的牧場努力一次。

到現在，我仍然不知道當初公司看重哪個特質才決定錄取我，我唯獨能肯定的是，面試時我絕對沒有撒任何一個謊。我對面試官如實以告，說明自己是為了練習ＪＲＡ的筆試測驗而應徵Oriental Land，最後沒被ＪＲＡ錄取，也沒有應徵其他家企業。而且應徵ＪＲＡ失敗之後，查詢過Oriental Land今後的理念和願景才感到非常興奮期待，以及打從心底期望自己也能加入迪士尼，共同挑戰將從主題樂園擴大至度假區規模。此外，我還說：

「在接下來繼續擴大迪士尼主題樂園的過程當中，我們需要的不是只有喜歡迪士尼的人，而是要思考該如何網羅像我一樣對迪士尼絲毫不感興趣的人，並且讓這些人成為迪士尼的粉絲。為此，像我這樣的人，應該是拓展客源時不可或缺的人才。」

距離在最終面試上誇下海口，至今已經過了二十個年頭。

「如何才能吸引沒有興趣的人？」

「而又該怎麼做才能讓他們成為粉絲？」

到現在，我的行動原點仍然不曾改變。我原本非常有可能變成完全派不上用場的冗員，但因為遇見主管與許多位前輩，他們給了我非常多機會，讓我得以理解商業買賣的基本在於徹底為顧客著想。調職到人數比較少的大阪辦公室時，我們的合作客戶從工作方法到旅行的構成等，詳細的為我教導解說。正因為有這些貴人，才能有今天的我。

離開 Oriental Land 後，我有幸能和平原綾香小姐一起合作紅白歌合戰，而且國內巡演自不必說，甚至連中國和俄羅斯的演出我也有幸能一同參與。之後，我還獲得機會和國中時代到現在的偶像佐田雅志先生，以及世界級指揮家佐渡裕先生合作，一同策畫由佐渡裕先生所主辦的慈善音樂會，我真的非常非常幸運。

和大家相遇是一切的契機，我曾期盼未來有機會能在 FOREST 出版社出書，而這次能透過 FOREST 出版社推出本書，真的如同作夢一般。而這一切的一切，其實都是從當時的面試開始。

事實上，進入 Oriental Land 的一年後左右，我偶然在某場酒會上碰見錄取我的人事部門主管。我把握機會詢問他：「可以請你告訴我錄取我的原因嗎？」但是，對方卻沒有告訴我答案，只回答：「嶋田先生你自己應該最清楚喔。」雖然，我心想總有一天絕對要從這個人口中問出答案，了解他到底從自己身上看見了什麼。但是，前幾年卻聽說他因為措手不及的病症而離開人世，所以現在已經沒有人可以回答我的問題了。

雖然，本書已經透過幾個角度為各位介紹「迪士尼的價值行銷法則」，但迷惘時請不要想得過於困難複雜，請嘗試從「該怎麼做才能讓對我的事業完全不感興趣的人感到有興趣？」或是「對我的事業有興趣的顧客，為什麼會有興趣呢？」開始思考看看。雖然很多人聽到「行銷」、「拓展客源」就覺得一個頭兩個大，但是，其實不需要想得太複雜。

請試著想像，藉由你的商品和服務獲得幸福的顧客會是什麼樣貌。你是不是也開始興奮期待了起來呢？以適切的價格提供有需求的人所需的價值，你的事業將變得更加閃耀動人，你和你珍惜的人會笑容滿溢，你自己也能認真又快樂的工作。而這正是商業買賣的原點。

將商品或服務提供給不需要的人，無庸置疑買賣會在一次交易後馬上結束。即使業績短暫提升，也難以為繼。希望各位能透過本書所得到的知識，一點一滴增加顧客，這就是我期望中的微薄之力。我相信，為更多人的事業和企劃貢獻力量，讓更多人展露笑容，才是回報當初錄取我進入 Oriental Land 的人最好的方法。

Money 08

迪士尼的價值行銷法則

活用7個步驟，打造絕對吸引顧客把錢花光光的獲利策略

ディズニーのすごい集客

作者　嶋田亘克
譯者　金鐘範
責任編輯　梁育慈
特約編輯　李溫民
裝幀設計　萬勝安
內頁排版　江慧雯

總編輯　張維君
行銷主任　康耿銘

社長　郭重興
發行人暨出版總監　曾大福
出版　光現出版／遠足文化事業股份有限公司
網址　http://bookrep.com.tw
電子信箱　service@bookrep.com.tw
發行　遠足文化事業股份有限公司

地址　231新北市新店區民權路108-2號9樓
電話　(02) 2218-1417
傳真　(02) 2218-8057
客服專線　0800-221-029
法律顧問　華洋國際專利商標事務所／蘇文生律師
印刷　成陽印刷股份有限公司

初版　2020年01月15日
定價　350元
ISBN　978-986-98058-7-2

ONEY HAS NO SMELL

MONEY HAS NO SMELL

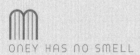

MONEY HAS NO SMELL

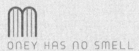

MONEY HAS NO SMELL